深度学习与短文本信息挖掘

贾维嘉　张新松　杨文晃　李鹏帅　著

科学出版社

北 京

内 容 简 介

本书对自然语言处理中的两种代表性的短文本信息挖掘进行研究：关系抽取和弹幕评论挖掘。针对关系抽取任务，从精度、效率、鲁棒性及前沿探索四个方面进行分析并提出对应的解决方法。针对弹幕评论挖掘任务，充分地利用弹幕的实时性、交互性、高噪声等性质，提出适用于弹幕评论的语义分析模型。针对目标任务的信息缺陷，本书从多角度研究和设计对应的深度学习算法以提高信息挖掘的精度。

本书主要针对两类读者：自然语言处理领域的研究者和没有相关背景但是希望能了解并借鉴相关技术的人员。本书提出的多个深度学习模型都具有结构简练、泛化能力强的特点，可以方便地应用在许多领域和任务中，包括计算机视觉、语音处理、自然语言处理等。

图书在版编目(CIP)数据

深度学习与短文本信息挖掘/贾维嘉等著. —北京：科学出版社，2023.11
ISBN 978-7-03-072556-1

Ⅰ. ①深… Ⅱ. ①贾… Ⅲ. ①自然语言处理 Ⅳ. ①TP391

中国版本图书馆 CIP 数据核字(2022)第 103459 号

责任编辑：赵艳春 霍明亮／责任校对：王 瑞
责任印制：师艳茹／封面设计：蓝正设计

科学出版社 出版
北京东黄城根北街 16 号
邮政编码：100717
http://www.sciencep.com
北京华宇信诺印刷有限公司印刷
科学出版社发行　各地新华书店经销
＊
2023 年 11 月第 一 版　开本：720×1000 1/16
2024 年 9 月第二次印刷　印张：13 1/4 插页：2
字数：267 000
定价：98.00 元
(如有印装质量问题，我社负责调换)

作 者 简 介

贾维嘉，IEEE Fellow，现为北京师范大学珠海校区人工智能与未来网络研究院院长、北京师范大学-香港浸会大学联合国际学院讲座教授。

张新松，于上海交通大学获得博士学位，北京字节跳动科技有限公司AI Lab自然语言处理研究员。

杨文冕，于上海交通大学获得博士学位，新加坡国立大学博士后研究员。

李鹏帅，于上海交通大学获得硕士学位。

前　言

近年来，随着深度学习相关技术的兴起，自然语言处理领域的诸多方向也得到了长足的发展，并且相辅相成地进一步促进了深度学习相关技术的进步。在众多自然语言处理任务中，短文本信息挖掘因其广泛的应用场景而受到密切的关注。短文本具有长度短、信息少、特征稀疏等特点，且在不同任务场景下具有不同的表现形式。本书系统性地就中英文语言中两种代表性任务进行总结和研究，分别是关系抽取任务和弹幕评论挖掘任务。通过对两种任务的深入研究，本书给出短文本信息挖掘相关的算法和性能评价。

关系抽取任务旨在提取句子中两个实体之间的可能关系，是众多高阶自然语言处理任务的基础工作。同时，关系三元组 [实体，关系，实体] 是组成知识库的基本单元，因此关系抽取也是知识库补全的重要工具，是未来以知识驱动的人工智能的重要奠基工作。经过近几十年的长足发展，关系抽取任务的相关研究已经达到了较高水平。现代关系抽取研究的进一步发展通常面临一个核心问题和一个严峻挑战。核心问题是：在复杂关系抽取场景中，如何提高关系特征拟合的精确率。严峻挑战是：在关系规模快速扩张后，如何使用自动化构建的数据集进行有效的关系抽取训练。

弹幕评论挖掘任务是对弹幕评论这一新型的视频评论方式进行语义分析的任务。弹幕评论将用户发送的动态评论永久保存，并实时显示到屏幕上，以便后续用户在观看视频的同时可以相互交流。因此，弹幕评论是聊天室评论在异步时间上的扩展，且极易获取。与聊天记录类似，弹幕评论中包含大量与视频内容、用户情感相关的语义信息，可以用来改善视频推荐与视频检索，可以提高用户观影体验，因此具有极大的文本挖掘价值。与传统视频评论（如影评）相比，弹幕评论具有短文本、实时性、交互性、高噪声等独特的性质。这使得大部分基于传统上下文无关评论的语义分析方法直接用于弹幕评论时表现不佳。因此，如何充分地利用弹幕评论独特的性质，从而提出一套适用于弹幕评论的语义分析模型是一个巨大而有意义的挑战。

本书系统性地就以上两个任务的核心问题及严峻挑战进行了研究。其系统性体现在：就关系抽取而言，本书从精度、效率、鲁棒性和前沿探索四个方面展开研究，涵盖了关系抽取研究的各个方面；针对核心问题关系特征拟合，本书从精度和效率两个角度展开了对于神经关系抽取模型的优化。面对大规模自动化关系抽取任务中的降噪工作，本书为影响关系抽取效果的噪声建模，提出包括词汇级别噪声、句子级别噪声、先验知识级别噪声和数据分布级别噪声的四层噪声分布模型，通过多级别多粒度的抗噪声优化来增强关系抽取模型的鲁棒性。就弹幕评论挖掘而言，本书分别从视频标签提取、视频推荐系统、评论剧透检测三个应用领域出发，利用监督学习和无监督学习两种方式，提出针对弹幕评论特点的语义分析的方法理论。该理论在视频标签提取、视频推荐系统与评论剧透检测三个应用领域中均取得良好的进展。

本书不仅为单个未解决的问题提供应对方法，而且注重不同问题之间的相互关联，使得不同的研究成果之间可以协同、复用、互补和加强。具体而言，本书开展了以下研究工作并做出了相应的贡献。

（1）提升关系特征拟合精度。本书研究多标签关系抽取中特征的分类聚合问题，以提升关系抽取模型在复杂的多标签场景下的特征拟合精度。首先，本书首次引入了胶囊网络作为共生关系特征聚合的基础模型。其次，通过集成注意力机制来强化关系特征。本书提出的基于注意力的胶囊网络在多标签的关系抽取任务上取得了良好效果。

（2）优化关系特征拟合效率。本书研究了诸多神经网络模型在关系抽取任务上的效率问题，特别注意到作为基础模型的卷积神经网络和循环神经网络在大规模关系抽取任务上的低效及过度使用。在此基础上，本书提出基于句内问答的极简关系抽取模型，在关系抽取效率和精度上都大幅提升。

（3）增强关系抽取模型鲁棒性。针对大规模自动关系抽取，本书研究远程监督的诸多模型，并提出新的数据噪声分布体系，最终实现多级别多粒度的抗噪声技术，极大地增强基于远程监督关系抽取的鲁棒性。

（4）探索关系抽取的前沿模型。除了传统的关系抽取工作，本书从关系抽取训练方式和测评方法入手，探索关系抽取相关工作新的解决方法，并最终提出基于生成对抗网络的半远程监督关系抽取框架和基于主动学习的无偏测评方法。

（5）改进弹幕视频标签提取。针对弹幕评论中存在的噪声，本书提出语义权重逆文档频率模型作为新的视频标签提取算法，为评论类文本的话题聚类与噪声识别提供基于无监督学习的新思路。

（6）优化弹幕视频推荐系统。本书利用视频图像和弹幕评论设计一种具有羊群效应注意机制的图像-文本融合模型，通过协同过滤来预测用户最喜欢的视频，从而在视频推荐场景中取得了显著的成效。

（7）研究弹幕评论剧透检测。针对弹幕评论中存在的"剧透"问题，本书提出一种基于语义相似度的交互式方差注意网络，为评论类文本的特殊化话题检测、噪声消除与数字语义识别等方向提供基于深度学习的新思路。

贾维嘉　　张新松　　杨文冕　　李鹏帅

2021 年 6 月 15 日

致　　谢

本书的出版得到北京师范大学大数据云边智能协同教育部工程研究中心、北京师范大学珠海校区人工智能与未来网络研究院与交叉智能超算中心、广东省人工智能与未来教育工程中心、广东省人工智能与多模态数据处理重点实验室（北京师范大学-香港浸会大学联合国际学院项目，编号：2020KSYS007）、国家自然科学基金委员会项目（编号：62272050、61532013）的支持。程立智和陈淑红协助了编辑工作。

目　录

第 1 章 深度学习

1.1 深度学习简介

人工智能近年来已经逐渐被大众所熟知，它试图理解人类智能的本质，并使得机器具有比肩甚至超过人类的推理、感知、学习、交流等能力。相关研究覆盖了机器视觉、智能搜索、语言理解等领域，并取得了显著的成果。一般的人工智能任务需要从数据中提取有用的特征，并利用机器学习算法来得到相关结果。对于很多任务而言，依靠专家提取数据特征，不仅流程复杂，而且特征选取的好坏直接关系到数据表示的质量，并影响到后续机器学习算法的结果。与之相对的，借助算法让机器自动学习数据的隐式特征，可以充分地剔除数据中的无效信息，提炼原始数据的更好表示，从而在后续任务上有事半功倍的效果，这就是表示学习的基本思路。

表示学习面临的重要挑战是语义鸿沟问题。语义鸿沟是指输入数据的底层特征和上层理解之间的差异性。以判断两张图片的相似性为例，人类是通过识别图片中的事物，提取并理解重要的语义，从而判断两张图片是否相似。而机器得到的输入是由大量像素构成的数据矩阵，不同图片在像素级别的差异性非常大。如果表示学习只依靠像素级特征（底层特征）进行预测，会给后续机器学习算法带来更大的挑战。因此提取一个更好的表示来反映出数据的高层语义特征是完成人工智能任务的关键所在。

深度学习利用一系列较简单的底层特征来构建更加抽象的高层特征，从而获得数据的分布式特征表示，是表示学习发展的重要成果。与浅层学习不同，深层结构可以对输入特征进行连续的非线性变换，从而指数级地增加表示能力。图 1.1 中给出一个含有多个隐藏层的深度学习模型。图 1.1 中每一个节点表示一个基本的计算及计算得到的值，箭头方向代表数据流向，即底层特征如何参与构建高层特征。深度是指原始数据进行非线性特征变换的次数，即图中从输入到输出的最长路径的长度。

在一些复杂任务中，传统机器学习方法的流程往往由多个独立模块组成，每个模块分开学习。例如，一个典型的自然语言理解问题需要分词、词性标注、句法分析、语义分析等多个独立步骤。这种学习方式下每个模块都需要单独优化，其优化目标和任务总体目标并不一致，而且前面的错误会对后续部分造成很大的影响。与之相反，深度学习采用端到端的学习方法，在学习过程中不进行分模块或分阶段的训练，直接优化任务的总体目标。在端到端学习中，一般不需要明确地给出不同模块或阶段的功能，中间过程不需要人为干预。

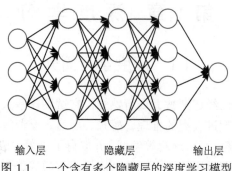

输入层　　　　　　　隐藏层　　　　　　　输出层

图 1.1　一个含有多个隐藏层的深度学习模型

目前深度学习采用的模型主要是神经网络模型。神经网络模型是一种通用的机器学习算法，最初目标是用于模拟人类的大脑。人类所接收到的一切刺激经过感受器获取并输入到传入神经，之后经过多级神经元激活而传导到中枢神经系统。人脑就根据传入的信息判断接收到的刺激并进行相应的动作。与之类似，神经网络模型利用大量的人工神经元连接进行计算。不同神经元之间可调节的权重看作神经元之间的连接强度。而神经元内的非线性激活函数可用于模拟人类神经元的激活现象。神经网络模型的参数使用反向传播算法进行更新，从而使得每个内部组件并不需要直接得到监督信息，而是使用最终的监督信息计算得到。

深度学习的提出使得机器一定程度上可以模仿人类的思考等活动，解决了多种复杂问题，推动人工智能相关技术取得很大进步。相较于传统机器学习方法，深度学习主要具有以下优点。

（1）取消特征工程。传统机器学习算法通常需要复杂的特征工程，需要在输入数据上进行数据分析并提取最优特征传递给后续算法。而深度学习完全避免了这一步骤，只需要输入必要数据就可以自动提取特征。

（2）适用性强。与经典的机器学习算法相比，深度学习技术可以更容易地适应不同的领域和应用。不同领域使用深度学习的基本思想和技术往往是可以互相迁移的。而且，TensorFlow、Pytorch 等多种框架的提出使得深度学习模型的实现变得简单易懂，极大地降低了相关研究的准入门槛。

（3）学习能力强。深度学习可以获取数据中非常复杂的底层模式。其采用的神经网络模型的层数和宽度都可以自由扩展，理论上可以拟合任意函数，能解决非常复杂的问题。而且从结果来看，深度学习模型的学习能力远远超过传统模型，在许多领域中已经取得了突破性的结果，包括语音处理、自然语言处理、计算机视觉等。

1.2　深度学习经典模型

经过十多年的发展，众多的深度学习模型被提出并应用在各个领域中。本节选取其中部分代表性模型进行介绍，为深入理解本书提供必要的背景知识。

1.2.1　卷积神经网络

卷积神经网络（convolutional neural network, CNN）是一种前馈神经网络，它的人工神经元可以响应一部分覆盖范围内的周围单元。相比于传统的全连接网络，这种结构经过反向传播的训练后能够更加高效而准确地提取特征。卷积神经网络通常包括一个全连接层、若干卷积层、若干池化层和一个输出层。卷积神经网络善于拟合边缘特征，更多层的网络能从低级特征中迭代提取更复杂的特征。具体到自然语言处理的相关工作，卷积网络能够作用在输入的词向量阵列上，通过卷积和池化操作，提取语义上的边缘特征，最终实现对于高级语义的良好拟合。基于卷积神经网络的关系抽取框架如图 1.2 所示。

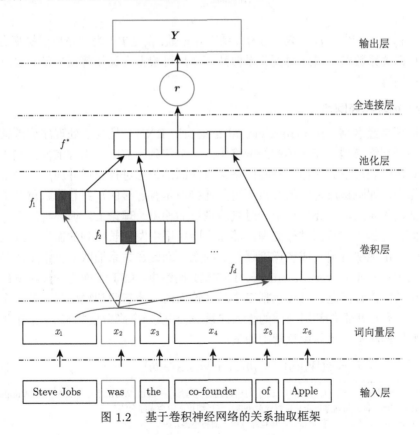

图 1.2　基于卷积神经网络的关系抽取框架

网络的输入依然是预训练的词向量 $\{x_1, x_2, \cdots, x_m\}, x_i \in \mathbf{R}_x^{d①}$。卷积层先以 w 定义局部特征的采样窗口宽度（图 1.2 中 $w = 3$，即每个卷积核连续观测 3 个词汇），继而输入向量与卷积核进行点乘运算。卷积核是需要学习的参数 $W \in \mathbf{R}^{d_k \times wd_x}$，卷积核的数量可以通过超参数 d_k 调节。具体来说第一步卷积操作的运算如下：

$$f_{ij} = W_i \cdot [x_{j-1}; x_j; x_{j+1}] \tag{1.2.1}$$

式中，$[x;y]$ 表示 x 和 y 的垂直拼接；f_{ij} 表示第 i 个卷积核与目标词向量运算后的第 j 个值，i 和 j 的取值范围分别是 $[1, d_k]$ 和 $[1, m]$。在运算过程中，超出取值范围的变量如 x_0 和 x_{m+1} 均取全零向量。最大池化层挑选 f_i 中最大的值 $f_i^* = \max(f_{ij})$。接下来 f^* 被全连接（通常是一个非线性的双曲正切激活函数）映射到最终的关系表示向量 r。最终的关系表示向量经过关系矩阵的作用后，再通过 softmax 函数归一化②，得到目标关系的似然概率分布，其运算过程如下：

$$\hat{p}_j = \frac{\mathrm{e}^{(W_r r + b_r)_j}}{\sum\limits_{i=1}^{n} \mathrm{e}^{(W_r r + b_r)_i}}, \quad j \in 1, \cdots, n \tag{1.2.2}$$

式中，$W_r \in \mathbf{R}^{n \times d}$ 和 $b_r \in \mathbf{R}^n$ 均为关系矩阵参数；$\hat{p}_j \in \mathbf{R}^n$ 为关系似然概率分布，n 是目标关系数量。最终得到关系似然概率后可根据交叉熵等损失函数进行关系抽取的训练。

1.2.2 循环神经网络

循环神经网络（recurrent neural network, RNN）是为了处理序列数据而提出的神经网络模型。在循环神经网络中，一个序列当前的输出与前面的输出也有关，具体的表现形式为循环神经网络会对前面的信息进行记忆并应用于当前输出的计算中，即隐藏层之间的节点不再无连接而是有连接的，并且隐藏层的输入不仅包括输入层的输出还包括上一时刻隐藏层的输出。理论上，循环神经网络能够对任何长度的序列数据进行处理，然而实际应用中发现长序列的循环神经网络在训练时会出现梯度消失或者梯度爆炸的问题，因此在关系抽取上更常用的是长短期记忆（long short-term memory, LSTM）网络[1]。LSTM 网络通过刻意的设计来避免长期依赖问题，具体包括三个门（输入门、遗忘门和输出门）及一个记忆单元。所有这些组件都用当前的输入向量 x_t 和前一个隐藏层状态 h_{t-1} 来生成当前隐藏层的状态。具体运算规则如下：

$$i_t = \sigma(W_i[x_t] + U_i h_{t-1} + V_i c_{t-1} + b_i) \tag{1.2.3}$$

---

① 句子中的每个词汇 $\{t_1, t_2, \cdots, t_m\}$ 对应自己的词向量，一般由 Word2Vec 工具与大量 Wikipedia 的语料进行预训练。词向量通常还会与位置向量拼接，在后续正文中会详细介绍。

② softmax 函数即归一化函数，具体运算过程下面将不再介绍。

$$f_t = \sigma(W_f[x_t] + U_f h_{t-1} + V_f c_{t-1} + b_f) \tag{1.2.4}$$

$$c_t = i_t \tanh(W_c[x_t] + U_c h_{t-1} + V_c c_{t-1} + b_c) + f_t c_{t-1} \tag{1.2.5}$$

$$o_t = \sigma(W_o[x_t] + U_o h_{t-1} + V_o c_t + b_o) \tag{1.2.6}$$

$$h_t = o_t \tanh(c_t) \tag{1.2.7}$$

式中，σ 是 sigmoid 激活函数；W、U、V 均为网络参数。同时，对很多应用来说反向序列和正向序列同样有价值，因此 Bi-LSTM 在保证正向链路的同时，额外维护了一份方向相反的序列。Bi-LSTM 使得当前的词汇既能看到历史记录也能看到未来的词汇特征，加强了网络的表示能力。基于双向循环神经网络的关系抽取框架如图 1.3 所示，最终的关系表示向量为所有隐藏状态的综合运算。

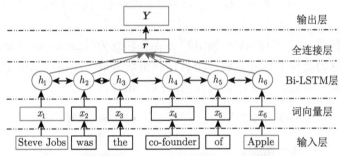

图 1.3　基于双向循环神经网络的关系抽取框架

1.2.3　注意力模型

深度学习中的注意力模型早期主要应用于图像处理领域[2]，来源于人类的视觉注意力机制。人眼通过快速扫描眼前图像，获得需要重点关注的区域，然后将有限的注意力集中在重点区域上，以获取最有效的信息。深度学习中的注意力机制的核心目标也是从众多信息中选择出对当前任务目标更关键的信息。注意力模型具有参数少、并行度高、效果好等优点，被广泛地应用在各种类型的深度学习任务中，并取得了显著的成果。

自然语言处理领域中的注意力模型早期主要用于机器翻译，其本质是通过将源数据与目标数据对齐，进而强调出当前的关注点。在机器翻译的场景中，译句当前词要对应到原句重点词时，需要用注意力机制调节权重。举个例子，在句子"I arrived at the bank after crossing the river"中，"bank"既可以翻译成"河岸"也可以翻译成"银行"，集成注意力机制的解码器会在解码"bank"时给予"river"更大的权重，以给出正确的解码结果"河岸"。显然，传统的循环神经网络在处理长依赖时无法保留太多的关联信息，而且序列处理无法并行造成了效率低下，而注意力机制的提出可以在不同程度上解决上述两个问题。因此，在 2017 年，Google 大名鼎鼎的自注意力模型（self-attention model）[3] 应运而生。自注意力模型通过句子与自己的字对齐，不仅强调出了词汇之间的关联性，而且意外地收获了极强的编解码能力，即仅通过自注意力本身即可完成句子信息的完全编码或者解码。这意味着不再需要额外的复杂神经网络模型，如卷积神经网络、循环神经网络等。完全的自注意力机制在保证模型效果的同时，大幅地降低了参数规模，无须序列执行，极大地提升了模型执行效率。基于 Google 自注意力模型的句子编码器是一个多层的注意力结构，本书介绍核心的注意力运算部分，如图 1.4 所示。Q、K、V 是注意力模型的三要素，即对齐向量、源数据和目标数据。在自注意力机制里，三者均为句子本身的词向量输入。点乘注意力的运算公式为

$$\text{Attention}(Q, K, V) = \text{softmax}\left(\frac{QK^{\mathrm{T}}}{\sqrt{d_K}}\right) V \tag{1.2.8}$$

式中，T 为转置；d_K 为放缩尺度标度①。多头注意力（multi-head attention）是多个点乘注意力结构的结合，将一个目标向量切成多个头，从每个头上学习不同维度上的表示特征，有助于提高模型的拟合能力。

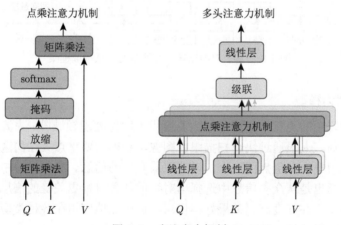

图 1.4 自注意力机制

1.2.4 胶囊网络

胶囊网络是"深度学习之父"Hinton 提出的新型神经网络模型，目的是解决传统神经网络模型中空间或者时间上的平移不变性带来的负面影响，转而以一种松散的胶囊路由的方式聚合高级别特征[4]。显式层面，胶囊网络用胶囊（向量）来

---

① 防止其结果过大，会除以 $\sqrt{d_K}$，d_K 通常取 K 向量的维度。

代替传统神经网络中特征的标量表达方式，胶囊的方向表示特征的类别，而胶囊的模长表示特征的置信度。底层胶囊表示底层的特征，高层胶囊表示抽象度更高的特征，底层胶囊被高层胶囊以动态的方式路由[5,6]，每个高层胶囊代表的特征可以按需选择底层胶囊。该模型主要带来了如下 4 点好处：① 特征提取不再依赖特征的结构，高层特征可以任意路由底层特征，可以解决传统神经网络遇到的局部性问题，如卷积神经网络的平移不变性；② 多层胶囊的结构能够更好地建模层级的特征关系；③ 动态路由机制能够更好地提取重叠的特征；④ 以胶囊及胶囊聚合的方式记录特征更容易解释特征学习的过程，同时也需要更少的训练数据。当然胶囊网络目前还存在训练耗时长、训练规模难以扩大等缺陷，需要进一步研究解决。

胶囊网络最初成功应用在图像识别领域，尤其对重叠图像的识别效果明显。在 2018 年，胶囊网络被引入自然语言处理领域，Zhao 等[7] 首次应用胶囊网络成功地进行了文本分类。在该工作中，作者利用卷积神经网络提取文本的底层特征，并将底层特征映射成底层胶囊，通过动态路由的算法[5] 聚集高层胶囊，最终实现每个高层胶囊表示一类高层句子特征（如情感分类中的积极/消极情绪）。同时，个别的工作用类似的结构探索了疾病关系抽取任务，在其细分领域取得了令人满意的效果[8]。

1.2.5　迁移学习与多任务学习

迁移学习指的是将在一种环境中学到的知识用在另一个领域中来提高它的泛化性能。迁移学习最早在 1993 年被 Pratt 提出，目的是利用源任务学到的知识来加强相关目标任务的效果。在迁移学习中，首先在一个基础数据集和基础任务上训练一个基础网络，然后将学习到的特征迁移到第二个目标网络中，用目标数据集和目标任务训练网络。如果特征是泛化的，那么这个过程会奏效，也就是说，这些特征对基础任务和目标任务都是适用的，而不是特定地适用于某个基础任务[9]。迁移学习的核心问题即如何提取通用的泛化特征。近年来，相继有学者证明了以迁移学习的方法初始化目标任务的模型参数能够有效地提高目标任务的鲁棒性[10,11]。实际上，革命性的自然语言处理技术——词向量[12,13] 也是迁移学习的产物。基于大量的已知语料，我们可以预训练出携带一定语义信息的词向量，并将其用于各个自然语言处理任务。

多任务学习指的是多个相关任务共享部分参数并同时训练，使得多个任务能够并行解决，并达到彼此增强的效果[14]。其与传统的单任务学习方法的区别如图 1.5 所示。多任务学习能够极大地提高模型泛化性，因为所有任务在训练时都利用了其他任务训练过程中产生的领域知识。多任务共享部分学习到的是多个任务的共享表示，共享表示具有较强的抽象和泛化能力，能够适应多个不同但相关的目标任务。实际上，多任务学习和迁移学习有着类似的性质，即能够借用不同任务训练过程中产生的知识加强目标任务。多任务学习在自然语言处理上同样也有较多的应用，例如，Liu 等[15,16] 提出了基于多任务学习的文本分类，将多个文本分类的数据集看成对应各个子任务，最终取得所有数据集上的分类效果提升；Lin 等[17] 提出利用多任务学习方法来加强中文和英文关系抽取效果。

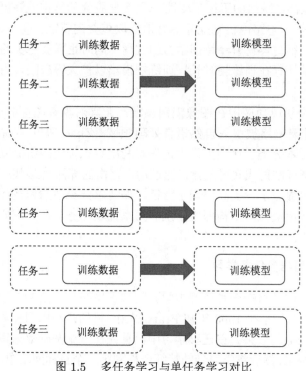

图 1.5　多任务学习与单任务学习对比

1.2.6　对抗学习及生成对抗网络

对抗学习是一种增强机器学习模型鲁棒性的技术，通过向机器学习模型的输入数据添加扰动来提高模型稳定性[18,19]。对抗学习的思想适用于很多机器学习的场景，典型的应用包括抵御对机器学习模型的攻击[20]①和实现半监督的机器学习[21] 等。同样地，在关系抽取领域也有对抗学习方法的尝试，Wu 等[22] 通过向关系抽取模型输入的词向量里添加对抗偏执来加强远程监督方法的效果。

生成对抗网络（generative adversarial net，GAN）是 2014 年 Goodfellow 等[23] 提出的新型对抗学习方法，通过采取两个神经网络相互博弈的方式进行学习。GAN 由一个生成网络和一个判别网络组成。生成网络将隐式输入空间中随机

---

① 对抗学习是机器学习安全领域里重要的研究方向，这方面的研究和本书关系较远，在这里不展开介绍。

采样作为输入，其输出结果需要尽量模仿训练集中的真实样本。判别网络的输入则为真实样本或生成网络的输出，其目的是将生成网络的输出从真实样本中尽可能地分辨出来。而生成网络则要尽可能地欺骗判别网络。两个网络相互对抗、不断调整参数，最终目的是使判别网络无法判断生成网络的输出结果是否真实。至此，我们将得到一个深谙数据分布的生成网络，产生足够以假乱真的数据。GAN 能够在较少样本的情况下，通过训练良好的生成网络来生成数据。因此，GAN 被广泛地应用在图片生成[24]、文本生成[25] 等领域。GAN 同样在关系抽取任务上有初步的尝试，Qin 等[26] 尝试使用 GAN 来识别数据是否被正确标注。本书认为利用 GAN 的数据生成能力，能够实现半监督的关系抽取解决方法。

1.2.7 主动学习

主动学习是机器学习方法的一种，采用介于有监督和无监督之间的工作模式。主动学习假设机器学习算法可以挑选数据来训练，那么该算法能够更快地收敛[27,28]。换而言之，主动学习可以使得相关机器学习算法用更少的标注数据获得更好的结果。因此，主动学习技术十分适合现代机器学习中标注数据不足的应用场景，使用大量的无标签数据和少量的专家标注，实现较高的精确率。主动学习工作流如图 1.6 所示，通过不断地选择合适的标注数据，可以实现在较小的标注量下的良好模型训练。主动学习的思想在图像识别领域得到了较好的应用，如建立图像百科[29]、实现大规模实时图像识别[30] 及构建基于主动学习的图像识别评估体系[31]。诚然，主动学习的思想尚未在自然语言处理相关问题中大规模使用，但是其将人与机器结合共同解决问题的思路对于解决大规模自动关系抽取的相关问题具有借鉴意义。

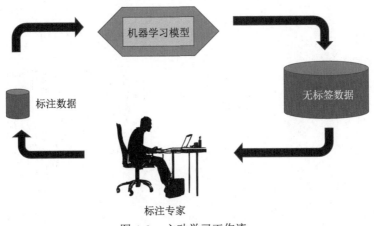

图 1.6　主动学习工作流

思 考 题

1. 思考深度学习方法的缺陷，并以可解释性为例了解相关的改进工作。

2. 了解门控循环单元（gated recurrent unit，GRU）的运算规则，对比其与 LSTM 网络的不同之处。

3. 总结迁移学习与多任务学习的区别和联系。

4. 了解 GAN 的发展历程及其不同的改进模型。

第 2 章　短文本信息挖掘

2.1　短文本信息挖掘简介

近年来，以各种形式（如社交网络、电子临床病例、新闻报道、用户评论等）出现的文本数据数量与日俱增。国际数据公司（International Data Corporation，IDC）的一份报道称，截至 2020 年，全球文本数据增长至 400 亿 TB（即 4×10^{22} 字节），是 2010 年的 50 倍[32]。文本数据是典型的非结构化数据，包含大量十分有价值的非结构化信息。对于人类来说，借助大量先验知识理解非结构化数据十分轻松，但对于机器来说十分困难。为了从海量文本数据中获取有效信息，文本挖掘技术应运而生。文本挖掘的概念首先由 Feldman 和 Dagan[33] 提出，随后逐渐衍生出信息检索、自然语言处理、信息抽取等多个分支，并越来越多地受到人们的关注。

在海量文本数据中，短文本①占到了相当大的比重。其内容简单，易于传播，是信息交互的主要载体。目前常见的短文本主要来自于书评影评、新闻报道、社交媒体、网络聊天等场景。相较于篇章，文档等具有更长的文本内容，短文本具有稀疏性、实时性、不规范性等特点。

（1）稀疏性。短文本最显著的特点是长度较短。大部分短文本只涉及一个或几个句子，而且部分短文本甚至不构成一个完整的句子。短文本中所包含的有效信息相对较少，样本特征较为稀疏，给信息挖掘带来巨大的困难。

（2）实时性。互联网中的短文本信息基本都是实时更新，且文本数量庞大。

（3）不规范性。短文本更多应用于非正式场合，导致其遣词造句不够规范。部分短文本不满足基本的句法结构。也有部分短文本包含大量的流行词汇，需要结合相关背景来解读。

短文本信息挖掘方法可以分为基于传统机器学习的方法与基于深度学习的方法。基于传统机器学习的方法需要首先对短文本进行预处理，人工提取特征，然后利用传统的机器学习方法对数据进行建模。基于深度学习的方法则是用机器来自动提取特征，并结合大量的训练数据对模型参数进行调整。相较于其他方法，基于深度学习的方法采用端到端的训练方式，更加方便快捷，而且避免了手动设计特征，因此成为短文本信息挖掘的主流方法。

---

① 本书将长度低于 200 个字的文本定义为短文本。

本书关注于深度学习方法在短文本信息挖掘中的各种理论和应用。针对不同场景下不同类型的短文本,本书选取其中两种最具代表性的任务进行分析研究,分别是关系抽取任务和弹幕评论挖掘任务。

(1) 关系抽取任务旨在从英文文本中提取实体词之间的特定关系。该任务输入文本较为规整,是自然语言处理研究中的重要基础任务,可以支撑更为复杂的自然语言理解,同时为自动化构建知识库提供支持。

(2) 弹幕评论挖掘任务目标是对中文视频弹幕评论进行文本挖掘,从而有效地分析弹幕的语义。该任务的输入文本具有实时性、交互性和高噪声等特点。研究成果可用于广告投放、视频推荐等应用场景中,具有较大的研究和商业价值。

2.2 关系抽取简介

自然语言处理的研究通常分为两大方向:① 语言理解(language understanding);② 语言生成(language generation)。作为语言理解方向的基础任务,关系抽取是自然语言理解领域的重要课题。近年来随着人工智能相关技术的高速发展,自然语言处理研究开始扮演越来越重要的角色,成为人工智能进一步发展的重要支撑技术。同时,关系抽取是自动化构建知识库的重要手段,而知识库是推动人工智能学科发展和支撑智能信息服务的重要基础技术。知识库将人类知识组织成结构化的知识系统,多以关系三元组的方式存储,如 [Steve Jobs, Founder, Apple]。人们花费大量的精力构建了各类结构化的知识库,如 WordNet [34]、Freebase [35]等。伴随着人工智能研究的发展,大量知识库相关的应用,如智能搜索(Google知识图谱)、智能问答系统(Watson [36,37])、个性化推荐[36]、阅读理解[38,39] 等,都通过合理利用知识库取得了长足的发展。作为先验知识,知识库被越来越多地应用到了人工智能领域相关研究。然而,现有的知识库都存在知识体量小、知识密度低的缺陷,难以支撑复杂的知识库应用系统。同时,传统基于群智的知识库构建方式大量依赖人力,随着知识库的不断扩大而知识库规模的增速逐渐放慢[40]。因此,通过自动化的方式从普通文本中分析提取出关系信息是填充知识库的重要手段。综上,无论从支撑自然语言理解的基础技术出发,还是从扩展知识库的有效手段着眼,关系抽取都将扮演重要角色,值得系统深入地研究。

与此同时,随着深度学习方法的迅速发展,语言学者将神经网络相关技术引入自然语言处理的研究中。凭借神经网络模型优秀的特征拟合能力,基于神经网络的关系抽取模型在语义提取方面取得了惊人的效果。从 2013 年开始,在图像领域大显神通的卷积神经网络开始在自然语言处理领域大展身手[41-43]。此外,更契合自然语言特征的序列建模方法——循环神经网络也开始成功地应用在自然语言处理的相关问题中[1,44,45]。凭借超强的语义特征拟合能力,使用得当的神经网络模型开始在自然语言处理的各个任务方面获得成功。因此，基于神经网络的关系抽取相关研究既十分重要又切实可行。

本节接下来分四个方面介绍现有关系抽取工作的重点研究方向，包括关系抽取定义、神经关系抽取、远程监督的关系抽取和关系抽取前沿。

2.2.1 关系抽取定义

关系抽取任务的目的是从纯文本中获取关系三元组，通过对实体对及其所在的句子建模分析后给出准确的关系预测。例如，对句子 "Steve Jobs was the co-founder and CEO of Apple and Pixar" 中的 "Steve Jobs" 和 "Apple" 进行关系抽取得到的结果应该是关系三元组 [Steve Jobs, Founder, Apple]。关系抽取任务在本书的形式化定义如下：

定义 2.1 给定句子 s 包含 m 个字或词，记为 $s=\{t_1,t_2,\cdots,t_m\}$，其中有两个词被标记为实体词，分别为头实体 e_1 和尾实体 e_2。若存在关系 $r \in \{r_1,r_2,\cdots,r_n\}$，使得句子 s 中的实体词 e_1,e_2 符合该关系的特征，则获得关系三元组 $[e_1,r,e_2]$，否则认为 $[e_1,na,e_2]$，其中 na 表示不存在目标关系集合中的任意一种关系。根据原句 s 获取关系三元组的过程称为关系抽取。

在定义 2.1 中，关系 r 通常是有限种关系。关系抽取任务是信息抽取方向的重要子任务，前人对该任务展开了大量的研究。最初的实体关系识别任务出现在 1998 年 MUC（message understanding conference）中，以 MUC-7 任务被引入，其中包括了实体的识别和关系的抽取，目的是通过填充关系模板槽的方式抽取文本中特定的关系三元组。1998 年后，关系抽取在 ACE（automatic content extraction）中被定义为关系识别的任务。2009 年 ACE 并入 TAC（text analysis conference），关系抽取正式被并入到 KBP（knowledge base population）领域的槽填充任务[46]。历经二十余年的发展，关系抽取任务的解决方法为：① 基于人工设计特征的传统机器学习方法；② 基于自动化特征拟合的神经网络方法。基于人工设计特征的传统机器学习方法大都采用流水线式的识别方法，从词法特征、语法特征及语义特征等多个维度出发，寻找符合特定关系的模式匹配。代表性的方法有基于语法树上最小公共子树的支持向量机（support vector machine，SVM）分类[47]、在子序列上应用核函数进行关系分类[48] 及集成 WordNet 的词块信息后应用 SVM 分类器进行分类[49] 等。这类方法通常具有较高的精确率，然而其缺陷也非常明显：① 召回率不足，容易遗漏大量的关系；② 需要较高的人力成本进行特征设计，十分低效；③ 扩展泛化性很差，难以应用在大规模关系分类的场景。如对于通过关系抽取实现知识库补全的应用来说，面对海量的关系类型，应用传统基于人工设计特征的方法几乎是不可能的。基于以上的不足，近年来关系抽取的主流方法逐渐过渡到端到端的解决方法，即基于神经网络的关系抽取。

2.2.2　神经关系抽取

　　神经关系抽取指基于神经网络的关系抽取技术[①]。神经关系抽取的兴起源自神经网络模型在图像识别领域取得的巨大成功，深度卷积神经网络（convolutional neural networks, CNN）在图像识别的基准任务 ImageNet 上取得了革命性的提升[50]。自此之后深度神经网络模型开始广泛应用于图像识别领域的各类任务。受到图像识别领域成功应用的启发，结合神经网络本身优秀的特征拟合能力，神经关系抽取应运而生。最早的神经关系抽取研究工作源自于哈佛大学 Kim[41] 提出的基于 CNN 的句子分类模型。基于神经网络的句子编码器如图 2.1 所示。

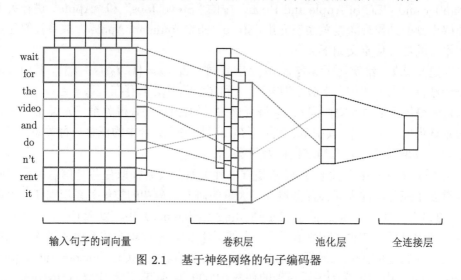

图 2.1　基于神经网络的句子编码器

　　在基于卷积神经网络的句子分类模型中，网络的输入为预训练的词向量[12]，经过一层卷积网络，再进行最大池化的下采样，最终形成有效的关系特征表示向量。通过全连接和 softmax 方法得到所有关系的似然概率，进而以交叉熵计算的损失函数进行网络训练。凭借 CNN 优秀的语义特征拟合能力，该模型不出意料地更新了多个句子分类数据集的最优结果。在神经网络的方法相继引入语言模型后，语言学者发现了更适合序列建模的循环神经网络。因其完美适配语言模型的序列特征，RNN 开始在诸多自然语言处理任务上大放异彩，如机器翻译。2016年，Google 宣布将开始用神经机器翻译模型取代基于单片短语的翻译模型[51]。循环神经网络在关系抽取领域同样获得了成功，Zhang 和 Wang[52] 提出了用 RNN 进行关系分类，并取得了当时的最优结果。后续大量的研究以 RNN 模型为基础模型，集成多种多样的技术以达到优化关系抽取的目的，如解析树模型[53]、注意

---

　　① 下文中的神经关系抽取均指基于神经网络的关系抽取。

力机制[54] 等。当然，现有的神经关系抽取模型并非没有缺点，相反还有很多不足需要进一步研究。本书将在 2.2.5 节中详细分析神经关系抽取模型，进一步介绍面临的挑战。

2.2.3 远程监督的关系抽取

为了扩展关系抽取任务的规模，突破关系数量的限制，构建大规模自动化关系抽取框架，斯坦福大学的 Mintz 等[55] 在 2009 年提出了基于远程监督的关系抽取方法。该方法利用现有的知识库作为先验知识进行关系抽取数据集的标注，不再需要人工标注的数据集。假设一个关系三元组 $[e_1, r, e_2]$ 在知识库中存在，并且两个实体 $[e_1, e_2]$ 都出现在句子 s 中，那么 s 被标注为关系三元组 $[e_1, r, e_2]$ 的一个实例。远程监督以此构建训练数据，省去了人工标注数据集的工作，并且能够极大地扩展关系提取的边界。基于远程监督的关系抽取在本书中形式化定义如下：

定义 2.2 给定关系三元组 $[e_1, r, e_2]$，同时包含头尾实体 $[e_1, e_2]$ 的 q 个句子构成一个句袋 $B = \{s_1, s_2, \cdots, s_q\}$，该句袋的关系标签为 r。训练集是 N 个带标签句袋 $\{B_1, B_2, \cdots, B_N\}$，测试集是若干无标签句袋。基于远程监督的关系抽取任务为通过带标签的句袋训练关系抽取模型，并预测无标签句袋的关系类别①。

根据定义可知，远程监督的关系抽取方法不再依赖手工标注的数据集，提高了关系抽取解决方法的自动化程度，使得大规模关系抽取成为可能。然而，远程监督的方法有明显的缺陷。在很多情况下，其基本假设并不成立，也就是会有大量的错误标注问题。例如，在句子 "Steve Jobs passed away the day before Apple unveiled iPhone 4S in 2011" 中同样包含 "Steve Jobs" 和 "Apple"，然而该句话并不表达 "Founder" 的关系。为了解决错误标注问题，近十年来相继有一些优秀的工作被提出，如多实例学习（multi-instance learning）[56,57]、注意力机制（attention mechanism）[58,59] 等。典型的基于远程监督方法的关系抽取模型的工作流如图 2.2 所示。从图 2.2 中可以看出，基于远程监督方法的关系抽取工作主要包括两个模块：① 句子级别的关系抽取模型；② 句袋级别的多实例学习算法。两个模块都重点关注在错误标注现象频出、自动抓取句子不规范的情况下，如何鲁棒地进行关系抽取模型的训练。因此，我们可以得出远程监督方法的关系抽取最重要的挑战——为关系抽取模型提高鲁棒性。现有的远程监督工作在一定程度上解决了模型鲁棒性的问题，然而还没有工作系统地分析自动化标注数据集对关系抽取模型鲁棒性的影响，并从不同维度分析噪声分布，进而全方位地提高基于远程监督方法的关系抽取模型的鲁棒性。这些现有工作的不足和面临的挑战正是本书关注的焦点。

---

① 若该定义中的所有句袋的句子数量 q 均取 1，则为句子级别的关系抽取，否则为句袋级别的关系抽取。目前大部分远程监督方法的关系抽取工作都关注句袋级别的关系抽取效果。

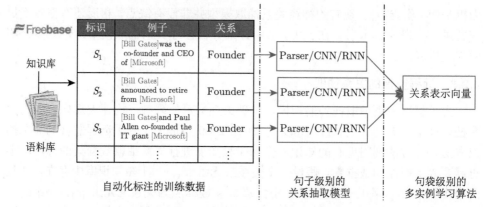

图 2.2   典型的基于远程监督方法的关系抽取模型的工作流

2.2.4   关系抽取前沿

关系抽取任务经过数十年的发展，已经渐渐地发展出一套成熟的方法论，并且这套方法论随着时代的变化在不断地革新。早期的关系抽取解决方法大都依赖于人工设计的关系特征，并且需要词法分析、语法分析等语言学先验知识的支持。随着机器学习理论的进一步发展，神经网络技术被证明是更加强大的特征拟合技术。于是关系抽取的相关方法放弃了耗时低效的手工设计特征，转向自动化的语义特征拟合方法——神经关系抽取。在特征拟合技术高速发展的同时，语言学家同样关注关系抽取方法的泛化能力，一直没有放弃做到大规模自动化关系抽取的可能。因此，基于远程监督方法的标签工程应运而生，斯坦福大学的 Mintz 等[55]提出了关系抽取任务数据集自动构建的解决方法。特征拟合和标签工程两方面的工作是传统关系抽取的重要工作，也是本书的研究重点之一。然而，随着人工智能相关技术的高速发展，较为前沿的机器学习技术让我们在面对关系抽取任务时能够不局限于传统的工作框架，而是探索新的解决方法。本书重点关注关系抽取工作的两类前沿探索工作：① 基于 GAN 的半远程监督关系抽取框架；② 基于主动学习（active learning）的无偏测评方法。

传统的关系抽取任务要么依赖准确的人工标注数据集，要么使用高噪声的自动化标注数据集。然而前者规模不足，后者精确率不够。因此，以有限的标注数据辅以大量的无标签数据是关系抽取任务的一个重要研究方向。近年来，基于 GAN[23]的数据生成技术发展迅速，甚至开始在语言生成的工作中发挥重要作用。有效的序列生成工具相继被提出，如基于对抗训练的文本生成[60] 和 SequenceGAN[25] 等工作。因此，利用 GAN 的数据生成能力，我们尝试应用较少的精标数据辅以大量的无标签数据，实现更加准确的关系抽取。

远程监督的关系抽取虽然解决了自动化标注训练集的问题，却无法提供准确的测评方法。对现有工作的测评方法是自动化测评，该测评方法使用同样以远程监督的方法构建的测试集。显而易见，不准确的测试集将给出有误导性的评估结果。一方面会错误评价远程监督的关系抽取模型的好坏，另一方面会误导模型的优化方向。举例来说，较为典型的远程监督关系抽取模型为 PCNN+ATT[58]，自动化测评结果和手工标注的测评结果有着接近 20% 的差距，具体结果见表 2.1。表 2.1 中的测评指标 P@100、P@200、P@300 指置信度最高的 100 个、200 个和 300 个预测结果的精确率。测评所使用数据集是远程监督工作常用数据集 NYT-10[56]。由表 2.1 可以看出，自动测评具有较大偏差。因此作为关系抽取研究的前沿探索工作，本书将进一步探索无偏测评方法。

表 2.1　自动测评和人工测评在方法 PCNN+ATT 上的结果差异

评价指标	P@100	P@200	P@300	均值
自动测评/%	76.2	73.1	67.4	72.2
人工测评/%	95.0(+19.8)	92.5(+22.4)	92.0(+23.6)	93.2(+20.1)

2.2.5　研究意义及挑战

关系抽取任务是自然语言处理研究中重要的基础任务，可以支撑更为复杂的上层语理理解任务，如信息抽取、隐式语义分析等。同时，语言理解能力又是人工智能下一步发展的重点方向之一。良好的语言理解能力能够促进如问答系统、智能语音助手等一系列人工智能应用的长足发展。然而，由于自然语义的复杂性和高维度，以关系抽取为代表的自然语言理解相关任务是非常具有挑战的课题。另外，随着知识工程领域的快速发展，知识库也成为未来人工智能发展的重要工具。高质量的知识库可以支持大量的人工智能应用，如基于知识的问答系统[61]、基于知识的推荐系统[62] 等。当前的知识表达主要是 RDF[①]形式的知识三元组，即 [实体，关系，实体]。然而，当前的知识库都面临着知识体量小、知识密度低、知识覆盖不够的问题。相对于现实世界庞大的知识储备，现有的知识库都无法尽量多地存储知识三元组。传统地以人工的方式添加知识条目的方法不仅代价高昂，而且趋于收敛[40]。因此，自动化地挖掘知识三元组将会成为未来知识库构建的重要手段。关系抽取即为知识三元组提取的主要技术手段之一。综上所述可以看出，关系抽取任务是自然语言处理研究中重要的基础工作，是知识库构建的有效手段，也是未来人工智能发展的原动力。

在过去十数年内，以神经网络为代表的人工智能技术得到了快速发展。更加成熟的神经网络模型在自然语言处理相关任务上同样取得了前所未有的进展。神经网络模型在连续特征空间内的超强拟合能力使得诸多自然语言处理任务能够在

---

① https://www.w3.org/RDF。

语义层面上拟合特征，实现基于语义的语言理解。尤其在 2013 年之后，词向量（word embedding）[12,63] 被提出并广泛地应用到基于神经网络的自然语言处理模型。词向量优秀的特征表征能力，结合神经网络模型卓越的特征拟合能力，使得神经关系抽取技术迈上了一个崭新的台阶。虽然基于神经网络的诸多模型都陆陆续续地被应用在关系抽取任务中，但是现有的关系抽取模型还存在几方面的问题亟须解决，也是本书面临的重要挑战。

首先，现有的神经关系抽取模型的特异性不够强，对于特殊场景下的关系特征拟合精度损失较为严重。传统的神经网络模型（如 CNN 和 RNN）在通用的序列建模任务上表现良好，同时在基础的关系抽取任务上也表现良好。然而，关系抽取任务在不同的场景下表现出的特点各异。例如，在多标签关系抽取的场景下，多种关系的特征混淆在同一个句子序列里。准确地识别出各自的关系特征是传统的神经关系抽取模型不具备的能力。因此，强化神经模型的特异性，针对不同应用场景均能够提出精准的关系抽取模型，是基于神经网络的关系抽取研究的第一个挑战。

其次，现有的基于神经网络的关系抽取模型都没有关注模型执行效率的问题，包括时间和空间的复杂度。大量的神经关系抽取模型依赖于高端图形处理器（graphic processing unit, GPU），需要大量的训练时间。然而，当关系规模急速扩大之后，现有的许多模型都无法保证高效的工作。此外，传统神经模型对于高端计算设备（如 GPU）的依赖使得大规模关系抽取相关研究的准入门槛大幅度提高。因此在保证关系特征拟合精度不变的情况下，大幅降低计算复杂度是神经关系抽取面临的新挑战。

再次，已有的基于远程监督的大规模关系抽取工作没有系统地分析噪声对于模型鲁棒性的影响。现有工作通常局限于单一噪声对于关系抽取精确率的影响，并大都集中在错误标注句子带来的噪声。单一的降噪技术只能够有限地提高关系抽取的鲁棒性。反之，系统地分析噪声对于神经关系抽取模型的影响，多级别多粒度的协同降噪才能全面加强关系抽取的鲁棒性。因此，系统性地加强模型鲁棒性是基于远程监督的大规模关系抽取任务的一大挑战。

最后，现有的神经关系抽取模型大都依赖于 CNN 或者 RNN 的语义表征能力。大部分的研究工作也都局限于特征拟合的精确率和神经模型的鲁棒性。然而，在当前人工智能相关技术飞速发展的今天，传统的关系抽取任务应该从多个角度出发，探索出不同的解决方法。例如，是否可以通过有限标注数据辅以大量的无标注数据实现高精度关系抽取？是否可以通过自动化和手标混合的数据生成方式实现低偏差的关系抽取效果评估？因此，本书面临的最后一个挑战是探索关系抽取相关工作新的解决方法。

2.3 弹幕评论挖掘简介

在众多文本数据中，用户评论数据是一类非常重要的数据，包含极大的商业价值。用户评论数据包括视频评论、商品评论、新闻评论（以下均简称评论）等，通常包含着用户对视频、商品或新闻（以下均简称项目（item））的观点、好感等信息。通过对评论进行语义分析、情感分析，可以挖掘出用户对项目的喜爱偏好，或者主观性描述，从而对用户进行项目推荐，或自动生成项目描述、项目分类等。不同类型的项目所用的文本挖掘方法也不尽相同。如何根据任务需求，充分地结合项目特点，设立合理的文本挖掘模型，是评论文本挖掘的一大挑战。

得益于技术成熟、已经大规模部署的 4G（generation）网络技术，以及正在展开部署的 5G 网络技术，越来越多的网络视频在线应用出现在人们的生活中。例如，越来越多的职场人士选择通过钉钉进行视频会议、居家办公，教师通过 Zoom 进行网络授课，年轻人选择观看网络直播来消遣、娱乐。为了供用户针对网络视频的内容进行交流，大多网络直播应用都包含在线聊天室。在聊天室中，用户就视频应用中正在发生的事件通过发送评论的方式展开讨论。与其他评论类文本类似，聊天室评论的内容通常包括对实时事件的内容描述与用户情感表达。通过对聊天室评论的语义挖掘，可以方便地对聊天室内容进行总结、对用户进行个性化广告投放等。然而，出于隐私保护等原因，聊天室评论很难大量获取，这造成了关于聊天室评论的语义挖掘研究进展缓慢。

最近，随着视频网站的逐渐兴起，越来越多的人选择以观看视频作为主要的消遣娱乐方式。在观看视频时，许多用户希望和其他观看视频的用户交换对视频内容的看法，交流心得，以排解寂寞。为了满足用户的这种需求，一种新型的视频用户评论——弹幕评论逐渐出现在人们的视野，并越来越多地受到年轻人的喜爱。弹幕评论是一种实时同步的流动字幕型评论[64-67]，由日本视频网站 NICONICO① 发明，由中国的弹幕视频网站 AcFun②、bilibili③ 引入国内，并迅速被国内大部分视频网站接受采纳。用户发送的弹幕评论中，通常包括用户对视频当前内容的讨论，对视频的感受，或与其他弹幕评论的交流。每条弹幕在发送时都会生成一个对应的时间戳（time stamp），记录了弹幕发送时对应的视频时间。用户发送弹幕后，弹幕会被统一存放在弹幕列表中，并在视频对应的时间戳时刻以滚动字幕的方式播放给所有观看该视频的用户。也就是说，即使用户不在现实世界的同一时刻观看视频，也能通过弹幕评论隔空交流。因此，弹幕评论可以看作一种易于获取的

---

① https://www.nicovideo.jp。

② https://www.acfun.cn。

③ https://www.bilibili.com。

异步空间聊天室评论。弹幕的出现为聊天室评论的语义挖掘研究提供了大量良好的语料数据，为在线多人评论的研究开启了新篇章。

一个选自视频网站 AcFun 的弹幕评论示例如图 2.3 所示。图 2.3 中三位用户正在对欧洲冠军联赛进球集锦中梅西的表现进行讨论。

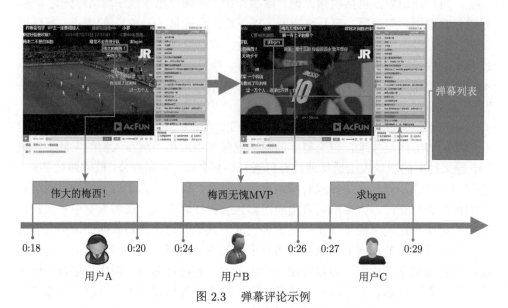

图 2.3   弹幕评论示例

从例子中我们可以看出，与传统评论相比，以弹幕评论为例的聊天室评论具有以下四个特点。

（1）短文本：从图 2.3 中的例子可以看出，弹幕评论通常字数很少，甚至不是完整、规范的汉语。Wu 等[68] 统计发现，弹幕评论平均长度少于 15 个汉字，这与影评等传统的视频评论有所不同。

（2）实时性：如前面所述，弹幕评论在发送时会生成时间戳，弹幕评论的内容也通常是讨论关于时间戳附近的视频内容。传统的影评通常是针对完整视频的全局性评论，而弹幕评论的内容更具有局部性、实时性，并会随着视频的推进不断变更主体。图 2.3 中的例子显示，当视频内容播放到梅西进球时，大部分用户开始发送与梅西有关的弹幕。

（3）交互性：弹幕评论的内容除了讨论用户对视频的理解与感受，也有与其他弹幕的交流。图 2.3 中，用户 A 首先发送了弹幕"伟大的梅西！"，以赞美梅西漂亮的进球。过了不久，用户 B 也发送了类似话题的弹幕"梅西无愧 MVP"，以回应这个话题。在传统的影评类评论中，评论之间通常没有互动，是相对独立的。然而，弹幕的主题通常不是独立的，而会受到其前序弹幕主题的影响。当话题热度提高后,往往不想发言的用户也会参与讨论,出现从众心理,也就是"羊群效应"。

(4)高噪声。在弹幕评论中,很多用户发送弹幕仅仅是为了聊天,或表达自己的感受,完全与视频主题无关。图 2.3 中,用户 C 发送的弹幕"求 bgm",仅表达了自己对视频背景音乐的疑惑,但与视频主题"欧洲冠军联赛进球集锦"无关。在传统弹幕中,无意义的评论比例极少,但在弹幕评论中不在少数[69]。

以上特点给弹幕评论的文本挖掘带来了巨大的技术挑战。具体来说,弹幕的短文本使得针对传统评论的长文本分析方法(如主题模型)效果不佳;弹幕的实时性与交互性使得弹幕评论的内容不适用独立性模型(即假定不同的评论独立同分布);弹幕的高噪声给弹幕评论的语义分析带来巨大困扰。带来挑战的同时,弹幕评论也带来了新的语义挖掘价值。例如,弹幕的时间戳可以准确记录弹幕发送时对应的视频时间,从而可以方便地获取弹幕评论对应的图像信息,这为图文融合模型带来了大量语料。弹幕中含有的视频内容信息与用户情感信息可以作为视频推荐系统、用户广告投放、视频标签提取、视频简介生成等应用领域的研究数据,具有巨大的文本挖掘价值与商业价值。因此,根据任务需求,充分地利用弹幕特点,设计出既满足任务特点,又适合弹幕评论特性的文本挖掘方法,从而有效地分析弹幕的语义,是一项重大且有意义的挑战。

本节接下来的部分将归纳并总结评论类语料语义分析方法的现状,并在现有方法的基础上,结合弹幕特点,引出本书的研究内容。

2.3.1 基于无监督学习的文本分析方法

无监督学习方法指从无标签的文本中获取隐藏的主题分布、语义表示或语义结构。因此,本节将从文本的语义表示方法、文档表示方法与主题模型和语义聚类模型三个角度展开讨论。

1. 语义表示方法

对于文本分析与自然语言处理来说,语言表示是让计算机理解文本的第一步。语言的表示可以分为基于单词的表示和基于文档的表示。本节中着重讨论基于单词的表示方法,下面以主题模型为中心着重讨论基于文档的表示方法。

早期的单词表示方法大多为基于词的独热表示(one-hot representation)。独热表示将单词表示成一个向量,其仅容许一个单元为 1,其余单元为 0。举个例子,假设词表为 [苹果,鸭梨,橘子],则苹果的热度表示为 [1, 0, 0],鸭梨为 [0, 1, 0],橘子为 [0, 0, 1]。独热表示虽然可以用唯一的向量表示每个单词,仍有两个致命的缺点:① 当词表长度较大时,单词表示占用空间很大,向量过于稀疏。② 任意两个词的表示在向量空间中互相垂直,无法计算语义相似度。

为了弥补上述两个缺点，基于词分布表示（distributed representation）的方法逐渐被提出并完善。词分布表示的核心思想为上下文分布相似的词，其语义也相似。相比于独热表示，基于词分布表示的方法致力于做到两点改善，即空间降维和语义可计算。在现有的词分布表示方法中，最常用的方法主要基于两种思路，即以词向量（word to vector，Word2Vec）为代表的基于神经网络的分布表示和以全局向量（global vector，GloVe）为代表的基于矩阵分解的分布表示。

最早的词嵌入向量（word embedding vector）通常由基于监督学习的神经网络语言模型（neural network language model，NNLM）训练得到[70-72]。然而，基于语言模型的词嵌入向量普适性较低，在一个任务中训练好的向量在其他任务中效果往往不理想。为了得到更普适的词向量表示方法，Mikolov 等[12,13] 提出了基于无监督学习的 Word2Vec 模型。

Word2Vec 模型的输入与输出均为热度编码的词汇表向量，中间有一层神经网络隐藏层（hidden layer）。由于其训练时不需要除独热编码外的额外标签，因此是无监督学习。Word2Vec 在训练时主要由两种模型组成，即 CBOW（continuous bag-of-word）与 Skip-gram。Word2Vec 两种模型的总体框架如图 2.4 所示。简单来说，CBOW 模型以目标单词的上下文作为输入，目标单词本身作为输出，更适用于数据集较小的情况。而 Skip-gram 以目标单词作为输入，目标单词的上下文作为输出，更适用于语料丰富的情况。为了提高训练效率，Mikolov 等[12,13] 又提出了 hierarchical softmax 优化和 negative sampling 优化，利用哈弗曼编码和负采样机制以缩短训练时间、提高训练效率。该方法不但将存储维度从词表长度降

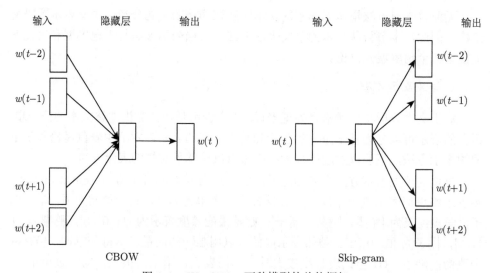

图 2.4   Word2Vec 两种模型的总体框架

低到隐藏层维度、使得词向量的语义可计算，而且普遍适用于大部分自然语言处理任务的预训练输入。

在 Word2Vec 思想的基础上，Pennington 等[73] 提出了 GloVe 模型，该模型是基于矩阵分解的分布表示。矩阵分布表示的方法最早基于奇异值分解（singular value decomposition, SVD）的 LSA 算法。GloVe 同时使用了全局统计（overall statistics）信息与局部上下文信息作为模型输入。具体来说，为了同时引入局部上下文信息与全局统计信息，GloVe 引入了滑动窗口与共现矩阵（co-occurrence matrix），通过统计在同一滑动窗口内的单词共同出现的次数，计算单词共现概率，从而训练词向量。与 Word2Vec 相比，GloVe 利用了全局信息，在训练时收敛更快，训练周期更短。

随着 Word2Vec 和 GloVe 的提出，词向量表示方法迅速在自然语言处理中取得了广泛应用[63,74]，在文本分类[41,75,76]、文本相似度计算[77-80]、文本生成[81,82]、机器翻译[83] 等领域都取得了巨大的突破，并为评论类文本挖掘奠定了坚实基础。综合考虑，基于 Word2Vec 的方法非常适用于弹幕文本的语义表示。

2. 文档表示方法与主题模型

早期的文档表示方法通常基于单词统计方法。例如，将文档中所有单词的独热编码相加，表示为文档的编码。后来，为了突出文档的特征，人们逐渐用单词的 TF-IDF 值取代了热度编码中的 "1"。TF-IDF 由两部分组成，即词频（term frequency，TF）和逆文档频率（inverse document frequency，IDF）。词频指的是某个指定单词在指定文档中出现的频数，为了和其他文档对比，通常会做归一化操作（如词频除以文档单词总数）。逆文档频率通过公式

$$\text{IDF} = \log_2\left(\frac{\text{文档总数}}{\text{出现该单词的文档数}}\right) \tag{2.3.1}$$

计算获得。将每个单词的 TF 值与 IDF 值相乘即得到 TF-IDF 值。该方法的核心思想也被称为向量空间模型（vector space model，VSM）[84-86]。然而，TF-IDF 值虽然比独热编码更能突出文章的特征词，但并不能反映单词语义的重要度与词分布情况。

为了更好地描述文档中词语的重要度与词分布情况，表达文档的中心主题，主题模型的方法随之诞生。潜在语义分析（latent semantic analysis，LSA）方法首先被提出[87]。该方法在基于 TF-IDF 的向量空间模型基础上，增加了矩阵 SVD 过程，从而得到词向量表示和文档向量表示。该方法虽然用到了全局语料特征，但由于 SVD 算法的时间复杂度过高，当词汇表规模较大时效率低下。因此，基于概率模型的方法逐渐取代了基于矩阵分解模型的方法。

　　在概率主题模型中，一元模型（unigram model）最先被人提出。该模型假设一篇文档的所有词汇都是由一个分部抽样产生的，且每个单词独立同分布。然而，一元模型假设的文档生成过程显然与人类写文章时差距较大。人类在生成文章时，首先会生成一个主题，再在主题下遣词。基于以上想法，Hofmann[88,89] 提出了概率潜在语义分析（probabilistic latent semantic analysis，PLSA）模型。该模型认为文档首先由多个主题混合生成，由词汇的概率分布表示。文档中的每个词在生成时首先确定主题，然后根据主题生成单词。PLSA 模型的核心思想是一篇文章的所有主题由一个概率分布生成，这与贝叶斯学派的思想相悖。

　　因此，在此基础上，Blei 等[90] 提出了符合贝叶斯学派思想的隐式狄利克雷分布（latent Dirichlet allocation，LDA）。LDA 在 PLSA 模型的基础上融合了贝叶斯学派的思想，为主题分布和词分布分别加了两个 Dirichlet 先验（即分布的分布）。LDA 与 PLSA 模型的主要区别如图 2.5 所示。

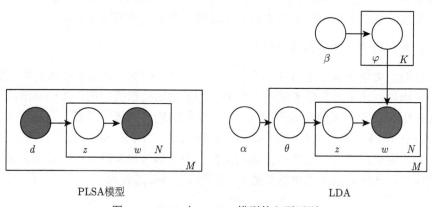

图 2.5　LDA 与 PLSA 模型的主要区别

　　LDA 在提出后受到大量关注，并很快成为评论类文本分析的主要工具。然而，由于 LDA 根据隐式捕获的文档级单词共现模式揭示主题，而在短文本中存在严重的数据稀疏性，因此 LDA 对短文本（如微博等社交软件评论）的处理效果不甚理想[91]。为了更好地处理短文本，Yan 等[91] 提出了词对主题模型（bi-term topic modeling），该模型将 LDA 中模拟词生成的过程改为词对生成进行学习建模，以缓解数据的稀疏。Li 等[92] 通过 LDA 与词嵌入模型结合的方式来缓解短文本数据稀疏的现象。LDA 及其改进模型在深度学习技术崛起前一度成为文本类数据分析最常用的方法，在文本分类[93,94]、文档相似度匹配[95,96]、信息检索[97] 等领域都取得了巨大的突破。然而，即使经过若干改进模型，基于主题模型的方法面对语言表达口语化、不规范且文本长度极短的弹幕文本仍表现欠佳。

3. 语义聚类模型

弹幕评论与传统评论最大的区别是每条弹幕的语义非独立，而与周围弹幕存在语义关联。根据这种关系，我们可以方便地建立弹幕的语义关联图，并进一步从图结构出发进一步挖掘弹幕语义。

图聚类算法在过去引起了广泛的研究兴趣。该方向主要有两种理论对本书的工作具有启发性，即社区检测理论和层次聚集聚类理论。Newman 和 Girvan[98]首先提出了社区检测理论，他们将网络节点自然划分为密集连通的子群，这给图聚类领域带来了很大的启发。Li 等[99] 提出了一种新的基于最小"1"范数的局部展开方法来寻找重叠的群落，并对其局部谱特性进行了理论分析。Chakraborty等[100] 发现一个社区中节点的归属感是不一致的，并基于此理论设计了一个顶点度量法来量化社区中节点的归属感程度。为了减少时间复杂度，Bae 等[101] 提出了一种优化映射方程的算法，使得迭代次数少，收敛速度快。这些基于社区检测理论的图聚类算法为设计基于弹幕的语义聚类算法提供了很好的启发。

此外，层次聚集聚类也是一种图聚类方法[102-105]。最近，Pang 等[106] 提出了一个主题限制的相似性扩散过程，有效地从大量候选中识别出真实的主题。虽然该方法具有良好的聚类效果，但现有方法均具有很高的时间复杂度，不适合大规模数据。因此，如何合理地利用数据结构等优化手段，结合弹幕特性，降低层次聚类的复杂度，是本书研究的关键。

2.3.2 基于神经网络监督学习的文本分析方法

随着计算机硬件设备处理能力的提高，基于深度学习的神经网络技术重新进入人们视野并迅速在各类文本挖掘方法任务中取得了突破性进展。相比于无监督学习或基于统计学的监督学习模型（如 SVM），基于深度神经网络的方法在处理数据体量巨大的评论类文本时更具有优势。本节从与弹幕评论分析密切相关的神经网络编码器与注意力机制两方面出发，深入讨论神经网络模型对评论类文本分析的研究现状。

1. 神经网络编码器

前面所述的词嵌入方法虽然能有效地表示每个单词的语义，但是由于基于词袋模型，单词的顺序与句子前后文等关键信息将会被丢弃。为了充分地考虑句子级语义，基于 RNN 与 CNN 的语义编码器（encoder）相继被提出。

RNN 模型通常用于处理序列数据。在处理文本类数据中，通常与词嵌入方法结合，首先将文本序列 $W = \{w_1, \cdots, w_n\}$ 转换为对应的词嵌入序列 $X = \{x_1, \cdots, x_n\}$ 并作为 RNN 模型的输入，每个输入 x_i 均对应一个固定长度的隐状态 h_i 作为输出，表示对应单词在考虑上下文时的语义向量。

　　然而，普通的 RNN 模型会随着文本序列长度的增加而引发权重指数级爆炸或梯度消失等问题，为了解决这个问题，Hochreiter 与 Schmidhuber 提出了著名的 LSTM 模型。为了降低 LSTM 模型的参数规模，提高训练效率，Cho 等[83] 提出了 LSTM 模型的著名变种模型——门控循环单元（gated recurrent unit，GRU），将 LSTM 模型中的输入门、遗忘门和输出门替换成更新门 z_t 和重置门 r_t。

　　最近，Shen 等[107] 在 LSTM 模型的基础上引入了结构信息与语法树信息，提出了 ON-LSTM 模型，该模型在语言建模、成分句法分析、目标句法评估、逻辑推断等文本分析任务上都取得了不错的进展。LSTM 模型及其变种模型问世后，在机器翻译[83,108,109]、文本分类[110]、文本生成[82,111,112] 等领域均取得了突破性进展，成为使用频率最高的文本编码器。虽然 LSTM 模型及其变种模型很大程度上解决了文本上下文语义融合与长距离问题，但是由于 RNN 模型并行性较差，处理长文本时效率低下，并且难以捕捉文本局部特征（如关键词等）。为了解决这个问题，Kim[41] 基于 CNN[113] 模型提出了专注于局部特征提取的编码器，该模型通过滑动窗口利用 CNN 提取文本的局部特征。基于 CNN 的模型在更注重局部信息的任务上表现优于 RNN[114,115]。且由于 CNN 的可并行性，该方法在训练速度上远远优于 RNN。

　　以上的方法虽然比基于无监督学习的方法能更好地提取语义特征，但仍面临两个重大问题，即文本的长距离依赖问题与文本中语义权重分配问题。为了解决以上问题，许多学者开始尝试在模型中加入注意力机制，使得模型可以识别语义中的重要信息。

2. 注意力机制

　　注意力机制是参照人类的视觉与思维方式所提出的方法，从输入的广泛区域中选定特定部分进行重点关注。注意力机制的有效性在自然语言处理中多次被证明[116-118]。针对文本分类问题和文本生成问题，注意力机制分别衍生了两种设计思路。

　　具体来说，对于文本分类任务，注意力机制更注重考虑每个单词对任务的重要度（即权重），建立单词-任务权重映射。单词级编码器将高权重分配给信息词[119]。当文本较长时，仅仅使用单词级编码器仍然不能充分地捕捉全文的重要信息。因此，Yang 等[120] 提出了分层注意力机制，该机制由单词级、句子级两层编码器构成，从而解决了长文本关键信息的抽取问题。大量研究表明，注意力机制可以优先分辨出文本中的重要信息，从而提高文本分类的准确性[121-123]。

　　对于文本生成问题，注意力机制更注重考虑上下文信息对目标单词的影响力，建立单词-单词权重映射。最近，Vaswani 等[124] 提出了一种新的序列-序列（sequence to sequence，seq2seq）网络结构 Transformer，适合于解决远程依赖问题。该模型抛弃了 RNN 架构，而直接用多个全连接网络计算单词之间的权重，并设计了多头（multi-head）注意力机制，用于捕捉不同特征[125-127]。针对生成模型的注意力机制在问答系统[119,128-131]、机器翻译[132-134] 等领域都取得了突破性进展。

在注意力机制提出之后，词向量的预训练方法也出现巨大突破。Peters 等[135] 提出了基于 RNN 模型的嵌入式语言模型（embeddings from language model, ELMO）。该模型首先训练多层基于双向 RNN 的语言模型，然后将每层由语言模型得到的词嵌入结果加权平均。该模型通过多层 RNN 机制，可以捕捉同一个词汇的多种语义。然而，由于加权平均的权重随着模型下游任务的改变而改变，该模型普适性较差。

为了在捕捉词汇多重语义的同时，兼顾模型的普适性，Devlin 等[125] 提出了基于 Transformer 的双向编码表示（bidirectional encoder representations from transforms，BERT）模型。该模型由多层的 Transformer 编码器模块组成，并采用了预训练-微调两段训练方式。预训练阶段，模型以较小的概率将少量词替换成特定字符或者另一个随机的词，从而增加模型对上下文的理解和记忆。同时，模型增加了预测下一句的任务，以增强模型对整句的理解。预训练阶段以海量的无标注文本作为输入，旨在尽可能地提炼自然语言本身的特征。微调阶段，模型在不同任务数据集上对参数进行微调，从而取得巨大的效果提升。BERT 模型的提出提供了全新的语义提取方法，为自然语言处理领域带来里程碑式的改变。

基于 BERT 模型及其变种[136-138] 的预训练模型虽然为文本分析带来了全新的思路，但在分析具有短文本特性的弹幕语义时，其实用性在很多任务上不及 LSTM 模型。

2.4 研究内容及结构

2.4.1 关系抽取

本书从四个维度出发，系统地研究了关系抽取任务，强调在不同维度上关系抽取任务面临的独特挑战。例如，在模型精度方面，本书的研究关注多标签关系识别中重叠特征的提取问题，而在模型效率方面本书的研究重点讨论神经网络模型如何在不损失精度的前提下降低时空复杂性。虽然四个部分是彼此相对独立的四个研究方向，但是不同方向的研究可以集成在一起，共同解决关系提取任务中的具体问题。例如，本书利用高效的神经网络模型，集成多种降噪算法，最终实现了远程监督关系抽取的最优结果。针对关系抽取任务，本书的研究架构图如图 2.6 所示，从以下四个维度对关系抽取任务展开研究。

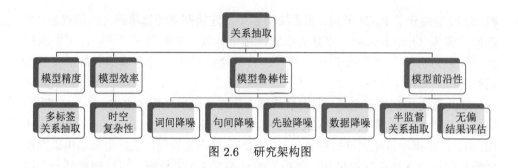

图 2.6　研究架构图

（1）模型精度。提高模型精度是关系抽取任务的核心目标，许多优秀的前人工作已经在关系抽取的精度上取得了极大进展。然而，现有的关系抽取模型大都没有关注到复杂情况下关系特征的拟合精度。以多标签关系抽取为例，同样的句子同样的实体对可能包含多种关系标签，导致同一个句子混杂多种关系特征。因此传统关系抽取模型不能够准确地区分不同关系特征，并给出准确的多标签预测。本书从多种关系特征分别聚合的角度出发，引入胶囊网络[4,5] 作为重叠关系特征聚合的基础模型。通过提出基于注意力的路由算法，加强关系抽取模型对于实体信息的集成，最终实现高精度的多标签关系抽取。

（2）模型效率。近年来，以 CNN[50] 和 RNN[71] 为代表的神经网络模型在关系抽取任务上取得了非凡的成功。几乎所有的神经关系抽取模型，都使用了CNN/RNN 的基础结构进行句子编码，并在此基础上集成额外的技术以加强模型有效性，如注意力机制和强化学习的方法。然而，无论是 CNN 还是 RNN 都有极大的计算复杂度。因此，本书着眼于大规模关系抽取的效率问题，在时间复杂度和空间复杂度上分别分析了现有模型的不足，并创造性地提出了一种新的神经编码方式——建立基于句内问答的极简关系抽取模型。该模型在大规模关系抽取任务的执行效率上取得了良好效果的同时，也能够提升关系抽取的精度。

（3）模型鲁棒性。针对大规模关系抽取的应用，Mintz 等[55] 提出了远程监督的方法来实现自动化的关系抽取。然而，这种应用在大规模关系抽取上的自动标注技术存在着天然的缺陷。自动构建的关系抽取数据集包含了大量的噪声，导致传统关系抽取模型的精确率大幅下降。因此，本书详细研究了远程监督关系抽取中存在的各种噪声，并系统性地将噪声分为四个层级，即词汇级别噪声、句子级别噪声、先验知识级别噪声和数据分布级别噪声。针对不同级别的噪声，本书分别提出了新的抗噪技术。最终，结合多种抗噪声技术，本书实现了多级别多粒度的抗噪声模型，极大地增强了基于远程监督关系抽取的鲁棒性。

（4）模型前沿性。随着人工智能技术的快速发展，一系列优秀的前沿机器学习模型在半监督学习、无偏评估等方面取得了卓越的成果。因此，除了在传统的模型精度、模型效率及模型鲁棒性上的研究，本书探索了关系抽取相关工作更多可能的研究方向。首先，本书提出了关系抽取的半远程监督解决方法。结合当前流行的半监督学习框架生成对抗学习[21] 及 GAN[23]，我们的研究成功实现了基于GAN 的半远程监督关系抽取框架。该框架使得关系抽取任务不再依赖大量的手工标注，而是用较小的标注数据集和大量无标注数据集协同训练神经网络，实现高精度关系抽取目标。其次，本书研究了基于主动学习的无偏测评方法。传统的基于远程监督的大规模自动化关系抽取都面临着制定高效的测评标准的难题。手动标注后测评的方式较为准确却花费高昂，纯自动化测评简单便捷却存在精度偏差较大的缺陷。因此，本书利用了主动学习的策略，以部分手标数据与部分自动化标注数据相协同的方式，实现了接近于无偏的关系抽取测评方法。

2.4.2 弹幕评论挖掘

尽管现在针对传统评论的文本分析方法已经较为成熟，但受制于由隐私保护导致的数据获取困难现状，针对多人实时在线评论的研究数量较少，尚未形成领域。因此，现有的评论类文本分析方法针对弹幕评论的语义分析效果均不理想。事实上，传统评论语义挖掘的相关应用场景，如推荐系统、标签提取等，在弹幕评论中仍然适用。不仅如此，由于弹幕时间戳的存在，传统评论无法进行的视频局部分析，可以借助弹幕评论轻松完成。因此，弹幕评论具有极大的文本挖掘潜力与商业价值。本书的研究内容主要为结合弹幕自身特性，设计针对不同应用场景的弹幕语义分析框架，利用弹幕的实时性与交互性消除弹幕中噪声的影响，并准确地分析弹幕的语义，以最大限度地挖掘弹幕的语义价值。本研究是第一份针对多人在线评论进行语义分析的系统性研究工作。本书的主要贡献如下。

（1）基于无监督学习弹幕主题聚类算法与噪声消除算法。弹幕评论通常包括用户对视频局部内容的解读，其中含有大量与视频局部内容有关的语义信息，因此非常适合做视频局部标签提取的语料。然而，弹幕中也包含大量与视频无关的噪声评论，给视频标签提取带来极大干扰。同时，由于视频标签的标注主观性较强，获得足够用于模型训练的标注标签需要花费大量人力。因此，基于客观指标的无监督学习更适用于标签提取任务。基于此，本书首先利用弹幕的交互性与实时性，将弹幕按语义相似度建图。然后根据弹幕交互的模式，将弹幕视频按密度分为稀疏型与稠密型，并针对以上两种模式分别设计了基于图的语义聚类算法，将讨论相似话题的弹幕聚类，从而初步地区分噪声。接下来，基于弹幕的语义传播关系，本书设计了图迭代算法，以区分同一话题内不同弹幕的影响力，并进一步过滤噪声。最终，本书根据弹幕评论所属话题的影响力与其在话题内自身的影响力，筛选出与视频内容相关的重要弹幕并结合 TF-IDF 算法自动提取视频标签。真实数据集上的实验结果表明，针对弹幕特性设计的弹幕语义分析方法能很好地区分不同弹幕的影响力，并能有效地过滤噪声弹幕，且对不同密度的弹幕数据在标签提取性能方面均比现有方法有显著提升。该研究为在线多人评论的语义聚类与噪声消除提供了基于无监督学习的新的思路。

（2）神经网络协同过滤模型与上下文语义融合模型。如前面所述，用户在发布弹幕评论时，不仅包含了对视频内容的讨论，也会表达自身的情感与对视频的喜好程度。不仅如此，弹幕评论中时间戳的存在使得获取弹幕对应的视频画面信息十分方便，因此根据弹幕评论对用户进行个性化视频推荐极具潜力。因为弹幕评论数据量较大，且数据标签可以通过现有工具方便地标注，所以本书采用神经网络架构进行个性化视频推荐。具体来说，本书首先利用 LSTM 模型对弹幕进行语义特征抽取，将弹幕语义向量与视频语义向量、用户语义向量分别结合，并根据基于模型的协同过滤算法得到用户对视频片段的偏好度。接下来，本书设计神经网络图文融合模型，将弹幕对应的视频信息融入弹幕语义向量中，以取代单一的弹幕语义向量进行协同过滤。由于弹幕存在交互性，模型不仅要单独考虑每条弹幕的语义，还应该考虑其上下文信息的影响。基于此，本书设计了基于羊群效应的注意力机制，根据每条弹幕与其上下文的语义相似度融合上下文信息，生成完整的弹幕语义向量，将其与图文融合模型结合，得到最终的用户发言特征，并进行视频推荐。真实数据集上的实验结果表明，由于考虑了弹幕评论上下文相关的特性，该视频推荐算法在用户推荐满意度方面比现有基于评论的推荐算法有不小的提升。该研究为在线多人评论的上下文语义融合与羊群效应分析提供了新的想法。

（3）基于分层注意力机制的弹幕噪声过滤方法与剧透检测模型。部分用户在发送弹幕时，可能会不顾及他人感受，将自己已知的视频重要情节相关内容提前透露（以下简称剧透），这样完全破坏了其他用户的视频观看体验。因此，研究者需要从弹幕中侦测出含有剧透的内容并加以屏蔽，保护用户的观影体验。根据统计数据，含有剧透内容的弹幕评论通常与其周围弹幕语义关系较弱，而与视频高潮部分（即视频内容最精彩部分）附近的弹幕评论语义接近，基于此，本书设计了相似度网络剧透检测模型。另外，由于弹幕中存在大量噪声，这使得现有的剧透检测方法难以区分噪声弹幕与剧透弹幕。基于此，本书又设计了分层注意力机制。具体来说，本书首先用单词级注意力机制找出弹幕评论中的关键词与主要信息。其次设计了基于邻域相似度（目标弹幕与其前序弹幕的语义相似度）与关键帧相似度（目标弹幕与视频关键帧附近弹幕的语义相似度）语义差的相似度网络进行最终的剧透判定。最后，考虑到弹幕上下文相关的特性，本书设计了基于邻域弹幕语义相似度差异的语义方差注意力机制，以尽量减小噪声评论对剧透检测模型的影响。基于真实数据集的实验结果表明，该相似度网络在未考虑噪声过滤的情况下，已经在剧透检测方面优于所有现存方法，并在结合语义方差注意力机制后效果提升显著。该研究为在线多人评论的特殊话题检测、噪声消除、数字语义识别等方向提供了基于深度学习的新启发。

思 考 题

1. 思考中文文本与英文文本的不同特点，以及处理方式上的差异。

2. 根据远程监督关系抽取的相关定义总结其存在的错误标注问题种类和形成原因。

3. 了解关系抽取任务的最新前沿探索工作。

4. 总结监督学习与无监督学习的区别和代表性方法。

5. 了解和分析以 BERT 为代表的预训练语言模型的结构和训练方式。

第 3 章 相 关 工 作

经过数十年的发展，关系抽取及弹幕评论挖掘已经有了大量的相关研究工作。本章对相关工作进行系统性的阐述，主要分为两大部分：3.1 详述现有的关系抽取工作[①]，并分析其优缺点，从而比较和展示本书提出方法的研究意义及优势。3.2 介绍弹幕评论挖掘相关工作及其部分应用。

3.1 关系抽取研究

关系抽取指给定句子 s 和实体 $[e_1, e_2]$，如何准确地判断出该句子中两个实体的关系。事实上，在机器学习相关技术广泛应用之前，语言学者即开始研究关系抽取任务。早期的关系特征拟合技术基于手写规则和模板匹配的方法。早在 1992 年，Hearst[139] 就提出了基于词法规则的关系匹配模型。例如，在句子 "Agar is a substance prepared from a mixture of red algae, such as Gelidium, for laboratory or industrial use" 中，实体 "algae" 和 "Gelidium" 是包含关系，因为出现词法模式 "such as"。随后，Berland 和 Charniak[140] 将手写规则应用在语法树上，建立了更为复杂的模式特征。以上这类基于手写规则的模式识别解决方法有着清晰明确的优缺点，其中优点是：高精确率、可以为特定领域定制、在小规模数据集上容易实现、构建简单；然而有更多的缺点：低召回率、需要专家构建规则、人工成本很高、难以维护、难以扩展、可移植性较差。因此，随着机器学习技术的长足发展，关系抽取任务开始应用机器学习相关模型。

与本书密切相关的关系抽取研究工作分为两大类：一类是监督学习方法，专注于拟合句子级别关系特征；另一类是远程监督方法，完成自动关系标注下的关系抽取任务[②]。因此，本节同样分两部分介绍关系抽取相关工作。

3.1.1 监督学习

监督学习是近代关系抽取最常见的解决方法，需要大量的标注数据。每句话 s 连同其包含的实体对 $[e_1, e_2]$ 一起被标注为一个预定义的关系，通常是有限种关系类型，包括 NA（NA 意味着不符合所有候选关系）。总结来说，有监督的关系

---

① 本章不仅仅介绍了基于神经网络的关系抽取工作，而是从早期的关系抽取工作讲起，以期能够较为全景地展示关系抽取相关研究工作的发展历程。

② 广义的关系抽取任务还包括无监督的开放信息抽取、自助关系提取等。这类工作由于在任务目标与结果精度等多方面和本书讨论的方法有较大差异，因此这里不展开介绍。

抽取被规约为多分类的机器学习问题[141]，主要应用三大类解决方法：基于特征的
方法、基于核函数的方法和基于神经网络的方法。

1. 基于特征的方法

基于特征的方法首先提取关系特征继而应用一个分类器，根据特征集判断关
系类别。Kambhatla[142] 定义了大量的词法特征、语法特征和语义特征，并使用
最大熵分类器进行有效的关系抽取。例如，在包含实体 [leaders, Venice] 的句子
"Top leaders of Italy's left-wing government were in Venice" 中，包含实体类型
的特征：E1 PERSON，E2 Geopolitical Entity（GPE）。在 Kambhatla[142] 工作
的基础上，很多学者在关系特征及关系分类器上做了扩展，提出了更多的特征类
型，如词块特征，加持外部语义知识（知识库 WordNet[34] 等），以及利用关系分
类器（SVM[143] 等）[49,144-147]。

2. 基于核函数的方法

基于特征的关系抽取方法过于依赖人工设计的特征质量，而基于核函数的方
法避免了显式的特征工程。基于核函数的方法通常先设计核函数来生成关系实例
（通常为包含实体词的句子）的表示量，并计算两个表示量之间的相似度，进而通
过 SVM 或类似的方法进行关系分类。核函数的设计通常有很多种，本书将其分
为四类方法：① 序列核函数；② 成分解析核函数；③ 依存解析核函数；④ 复合
核函数。

（1）序列核函数。序列核函数将关系实例表示成序列，通过计算共享子序列
的规模来计算两个序列的相似度。典型工作是 Mooney 和 Bunescu[148] 在 2006
年提出的基于泛化子序列核函数的关系抽取模型。该模型将每个单词映射到不同
的特征空间（如词、实体类型等），形成每个单词一个特有的特征向量。利用这些
特征向量，泛化子序列核函数可以计算两个关系实例序列的相似度，并通过 SVM
模型进行关系分类。

（2）成分解析核函数。在自然语言处理研究中，一个句子的结构信息通常可
用成分解析树来表达。该树结构能够较好地记录句子的句法信息，产出名词短语
（noun phrase，NP）、动词短语（verb phrase，VP）等一系列标记。基于句子成
分解析树，Collins 和 Duffy[149] 提出利用卷积解析树核函数来计算两个句子成分
解析树之间的相似度。受 Collins 和 Duffy[149] 的启发，后续很多工作在此基础上
做了进一步改进，如集成更多实体信息、利用更多的路径信息甚至应用先验知识
等[150-155]。

（3）依存解析核函数。依存语法树能够表示句子之中不同词汇之间的语法依
赖。不同于成分解析树，依存语法树能够表达更多的语法关联信息，即不同词汇之
间是否存在语法依赖关系。显然，通过依存语法树同样能够实现计算不同句子之

间的关系相似度。Culotta 和 Sorensen[156] 在 2004 年提出了第一个用于关系抽取
的依存解析核函数。自此之后，一系列基于依存语法树的关系抽取工作被提出，如
利用隐含的语义信息加强依存解析核[157]、使用语法解析图中的路径信息[158]、复
用语法解析树局部结构信息[159] 等工作。

　　（4）复合核函数。复合核函数即同时使用上述至少两种的核函数，并取得互
相加强的效果。Zhang 等[160] 在 2006 年开始尝试将基于序列的核函数和基于结构
的核函数结合在一起；Zhao 和 Grishman[161] 利用三个不同的核函数分别集成了
词汇信息、语义成分解析信息和依存解析信息；Nguyen 等[162] 集成了以上三种核
函数，取得了较好的关系抽取效果；Wang 等[163,164] 提出了基于关系主题（topic）
的子核函数。

　　以上的工作代表着 2002~2012 年，大部分自然语言学者对于关系抽取的研究
和探索。如表 3.1 所示，本书简单比较了这些方法在 Automatic Content Extraction
2004 Multilingual Training Corpus （ACE 04）数据集上的效果[141]，从表中可以
看出，复合核函数的关系抽取方法取得了较好的效果。当然，以上关系抽取的工
作取得了卓越成果的同时也受困于有限的特征模式而无法进一步精确地拟合语义
特征。因而，随着神经网络模型在特征拟合方面取得的巨大成功，关系抽取工作
也开始迈入神经网络的新时代。

表 3.1　传统有监督的关系抽取方法在 ACE 04 数据集上的结果

方法类型	使用特征	精确率	召回率	F_1 值
基于特征的方法	词法特征、成分解析树特征、依存解析树特征[144]	0.737	0.694	0.715
	句法特征、语义特征[146]	0.715	0.680	0.715
基于核函数的方法	复合核函数集成词法特征、成分解析树特征、依存解析树特征[161]	0.692	0.705	0.7035
	复合核函数集成成分解析树特征、依存解析树特征、语义特征[162]	0.766	0.67	0.715
	复合核函数集成成分解析树特征、依存解析树特征、实体特征[153]	0.792	0.674	0.728
	复合核函数集成成分解析树及其子树特征、实体特征[152]	**0.83**	**0.72**	**0.771**

注：粗体代表效果最好。

3. 基于神经网络的方法

　　考虑到传统方法在关系特征拟合方面的诸多限制，同时神经网络方法又被证
明在特征拟合方面十分有效，自然语言处理的学者开始引入端到端的关系抽取
方法。基于 Kim 在句子分类任务上使用卷积神经网络的成功尝试，卷积神经网
络开始大规模用于关系抽取领域[165-167]。在卷积神经网络被成功应用之后，学者
发现了针对语言的序列化特征，RNN 是更有效的端到端解决方法。因此，基于
RNN 的诸多关系抽取工作相继被提出[52,167,168]。近年来，随着神经网络模型中
注意力机制的广泛应用，基于注意力的 RNN 在关系抽取任务上同样取得了良
好的进展[54,169,170]。此外，基于神经网络的诸多关系抽取解决方法中，除了端到

端的关系抽取模式，也会有针对性的集成解析树信息的方法以加强关系抽取的结果[53,171,172]。同时，一些复合模型在其应用场景下均取得了当时最好的结果[173,174]。如表 3.2 所示，本书在 SemEval-2010 Task 8 数据集[175] 上比较了典型基于神经网络的关系抽取与传统关系抽取方法①。

表 3.2　近代关系抽取方法在 SemEval-2010 Task 8 数据集上的结果

方法类型	使用特征	精确率	召回率	F_1 值
基于特征/核函数关系抽取	词汇序列特征[148]	0.747	0.544	0.630
	复合方法，集成了多种特征信息，包括部分先验语义知识（如 WordNet 等）[175]	0.823	0.823	0.822
基于神经网络的关系抽取	CNN、预训练的词向量、实体位置信息、WordNet[166]	—	—	0.827
	RNN、预训练的词向量、实体位置信息[52]	—	—	0.825
	双向 LSTM 网络、预训练的词向量、多种语法语义特征[168]	—	—	0.843
	带注意力的双向 LSTM 网络、预训练的词向量、实体位置信息[54]	—	—	0.840

从表 3.2 中可以看出，神经网络的方法确实明显地提高了关系抽取的效果。尽管如此，现有的基于神经网络的关系抽取模型依然存在诸多不足。本书重点关注两方面的问题并提出相应的解决方法：① 模型精度。现有的神经网络模型多为端到端的方法，缺少对于混淆关系特征的明确区分，难以进行精确的多标签关系抽取。② 模型效率。现有的神经网络模型缺少效率上的优化，无论是 CNN 还是 RNN 都存在时空复杂度过高的问题，需要消耗大量的计算资源，难以应用于大规模关系抽取任务。同时，过高的资源消耗也为关系抽取相关研究设置了较高的门槛，阻碍更多的研究人员针对关系抽取模型的优化。

3.1.2　远程监督

基于远程监督的关系抽取是斯坦福大学的 Mintz 等[55] 在 2009 年提出的自动化关系抽取框架。Mintz 等大胆假设知识库中的关系三元组 [实体 1，关系，实体 2] 可以作为自动化关系标注的依据。举例来说，句子 "Steve Jobs was the co-founder and CEO of Apple and Pixar" 中的 "Steve Jobs" 和 "Apple" 在知识库②存在关系三元组的记录 [Steve Jobs, Founder, Apple]，那么我们认为该句子表达关系 "Founder"。很显然，基于远程监督的关系抽取方法有如下好处：① 关系抽取任务不再依赖手标数据；② 关系抽取的边界可以扩大到大规模关系抽取，甚至可以进行知识库补全；③ 因为使用知识库标注，而不是手标数据，降低了过拟合的可能性，提高了所有关系的领域无关性；④ 大量标注的数据可以更有效地应

---

① 基于神经网络的关系抽取方法原文中没有介绍精确率和召回率，因此我们只比较 F_1 值。
② 本书中提到的知识库，除非特殊说明，否则一般指 Freebase[35]。

用基于神经网络的关系抽取方法。除了显而易见的优点，远程监督的方法也有重大缺陷，即错误标注问题。例如，在句子"Steve Jobs passed away the day before Apple unveiled iPhone 4S in 2011"中同样包含"Steve Jobs"和"Apple"，然而该句话并不表达"Founder"的关系。近十年来，关于远程监督的工作大都解决错误标注的问题。Riedel 等[56] 和 Hoffmann 等[57] 分别提出了两种多实例学习的解决方法。多实例学习是指将对句子的标注改为对"句袋"的标注，实际训练时以"句袋"中最可能被正确标注的句子进行指导训练。在多实例学习的基础上，Surdeanu 等[176] 提出了多实例多标签学习，目的是给"句袋"标注更多的标签以更加符合实际情况。Angeli 等[177] 结合了部分监督的主动学习方法解决远程监督关系抽取问题。在此之后，很多学者给出了许多其他解决方法，如利用矩阵变换的算法[178]、利用马尔可夫逻辑的算法[179] 等。

随着神经网络在关系抽取任务上成功应用，远程监督的关系抽取也大量使用神经网络模型。最开始的研究工作是 Zeng 等[180] 将 CNN 应用于关系分类任务，提出了 PCNN（piece-wise convolutional neural network）模型，取得了很好的效果。继而 Lin 等[58] 率先应用注意力模型优化错误标注问题，提出了 PCNN+ATT 模型。注意力模型[181] 指的是最终特征的选择不再均等地考虑所有候选集，而是为不同的候选实例赋予不同的注意力权重。因此，PCNN+ATT 改进了传统多实例学习解决错误标注问题的方式，通过给"句袋"中的每个句子赋予不同的权重来削弱错误标注问题带来的影响。这种做法的好处是显而易见的，模型将会利用到更多的正确标注样本来提取相应关系的特征。同样利用注意力模型的工作还有利用实体的描述信息生成注意力权重[59]、利用多语言关系特征互补性质作为注意力加权[17]、利用关系结构信息的注意力机制[182]，以及自注意力机制[183] 等。此外，很多学者在不同网络结构上尝试集成不同的技术，例如，对模型中的误差建模使得多任务能够互相校验[184,185]、实体关系协同抽取的模型 CoType[186]、基于动态生成"软标签"的关系抽取算法[187]。近年来，随着强化学习和 GAN 的兴起，一些学者使用强化学习或者 GAN 的技术挑选出被正确标注的数据[26,188,189]。此外，一些学者尝试利用更多的先验知识（例如，关系之间的关联信息、知识库信息等）加强远程监督关系抽取的效果[190-192]。

以上基于远程监督的关系抽取方法均取得了较好的效果，但是仍存在诸多不足，本书关注现有远程监督关系抽取中存在的模型鲁棒性较差的问题。以上工作重点关注带有错误关系标签的句子，并通过句子层面的降噪方法提高关系抽取的鲁棒性。实际上，影响远程监督关系抽取效果的噪声不止句子层面的错误标注一种，而是包含词汇层面、先验知识层面，甚至数据分布层面的综合问题。只有对远程监督方法中的高噪声问题进行系统而全面的分析，才能够实现更加鲁棒的关系抽取解决方法。因此，本书将对远程监督中的噪声问题进行全面的分析与建模，针对不同噪声提出适配的解决方法。最终，本书集成多级别多粒度的降噪方法，实现了更加鲁棒的远程监督关系抽取。

3.2 弹幕评论挖掘研究

弹幕评论的语义挖掘价值首先被 Wu 等[68] 提出。他们基于主题模型 LDA 提出了视频标签提取模型。然而，由于 LDA 模型在处理短文本时表现不佳，且没有考虑弹幕特性，因此标签提取的实际效果并不理想。尽管如此，他们仍然展示了弹幕评论巨大的文本挖掘价值与潜力，至此越来越多的学者针对弹幕文本展开了大量研究。

人们首先发现通过对弹幕语义的分析，可以间接获得视频内容相关的信息，从而进一步进行视频摘要、视频推荐等任务。Li 等[193] 与 Ping 和 Chen[194] 通过建立简单的弹幕语义分析与数量分布分析模型自动选取了视频高潮部分。然而，他们的方法对语义的分析较为粗糙；Lv 等[195] 通过基于无监督的语义聚类模型与基于监督学习的 SVM 模型进一步提高了视频高潮提取算法的精度。Xu 和 Zhang[196] 根据弹幕语义与预提取的弹幕关键词，利用概率模型自动生成视频内容描述，是弹幕数据在视频问答领域的首次应用。此外，Pan 等[197] 利用情感分析与主题模型方法对用户进行视频片段的推荐。然而如我们之前所述，主题模型对弹幕语义分析效果欠佳，因此该方法的视频推荐精度并不理想。

随着神经网络技术的发展，越来越多的方法着眼于通过神经网络模型进行弹幕语义挖掘。Chen 等[69] 首先提出了基于神经网络协同过滤模型进行视频个性化推荐的方法，这是神经网络方法在弹幕语义挖掘的首次应用。Chen 等[69] 也同时发布了第一个公开的弹幕推荐系统数据集。随后，Wu 等[198] 在此基础上提出了基于神经网络语义分析模型的算法，并在推荐效果上取得了提升。Lv 等[199] 通过 GAN 进行弹幕评论的自动生成，从而使用户在观看视频时不会感到寂寞。Ma 等[200] 则通过基于多模态的图文融合模型结合视频问答（visual question answering, VQA）技术自动生成弹幕，生成的弹幕更加逼真，语义也更加贴近视频内容。Liao 等[201] 对现有的弹幕分析方法进行了总结，并提出了一套弹幕标签标注规则与数据集，为后续的弹幕分析工作提供了便利。以上的弹幕语义挖掘工作为本书工作带来了很多启发。

3.2.1 基于评论挖掘的关键词抽取方法

关键词抽取是信息检索领域的一个经典问题。目前，主要有三类无监督的关键词抽取方法。第一种方法基于词频统计，其中 TF-IDF 是最常用和最著名的方法。然而，这种方法只考虑词频而忽略语义，可能产生与视频内容无关的关键词。

第二种方法依赖于单词的共现，如 TextRank[202]，这是一种基于图论的排名模型。与第一种方法类似，这种方法也不考虑上下文语义，不能很好地解决噪声问题。第三种方法根据主题模型。它通过模拟文档生成过程，将文档主题和主题词分布结合在一起。Blei 等[90] 提出了最具代表性的 LDA 模型。为了更好地处理短文本的情况，Yan 等[91] 提出了双词话题模型（biterm topic model，BTM），直接对整个语料库中的词共现模式（即词对）的生成进行建模。Yin 和 Wang[203,204] 提出了 Dirichlet 多项式混合模型的 Gibbs 抽样算法，用于短文本聚类和关键词抽取。虽然基于主题模型的方法考虑了语义，但它们的基本假设是每个词的生成是独立同分布的。然而，由于用户在发送弹幕时存在从众心理，即羊群效应[205,206]，这使得弹幕评论并不满足独立同分布的假设。因此，基于主题模型的方法对弹幕分析的效果大打折扣。考虑到以上方法的不足，本书提出了图聚类算法与图迭代算法相结合的方法，既充分地考虑了弹幕语义，也最大限度地降低了短文本、高噪声对模型的影响。

3.2.2　基于评论挖掘的推荐系统

视频推荐已经引起了业界和学术界的高度重视，目前其大多数先进的方法都基于协同过滤。Mcauley 和 Leskovec[207] 将隐式评分维度与隐式评论主题相结合，这是一种基于用户评论挖掘的方法。Diao 等[208] 提出了一种基于协同过滤与主题模型相结合的概率模型，这是一种基于 LDA[90] 的方法，可以捕捉用户的偏好特征与电影的内容特征。He 和 Mcauley[209] 提出了一个可扩展的因子分解模型，将视觉信号融入用户观点的预测中，这是一个最先进的基于计算机视觉的模型。然而，由于上述推荐方法忽略了弹幕评论的交互性、实时性与高噪声等特点，因此直接应用于弹幕评论中效果不佳。

最近，注意力模型在推荐系统中被越来越多地应用于用户-项目对的权重分配。Chen 等[69] 提出了一个适用于协同过滤方法的注意力机制，来解决多媒体推荐中具有挑战性的项目级和组件级隐式反馈问题，并将其无缝集成到具有隐式反馈的经典协同过滤模型中。Seo 等[210] 提出利用具有双重局部和全局注意的 CNN 对用户偏好和项目属性进行建模。神经网络协同过滤方法与注意力机制的结合是现在基于评论挖掘的推荐系统的研究趋势。考虑到弹幕的特性，本书设计了基于羊群效应的注意力机制，从而更好地提取弹幕评论语义，提高推荐效果。

3.2.3　基于评论挖掘的剧透检测方法

关于社交媒体评论的剧透检测研究已经获得了极大的关注。目前对剧透检测的研究主要集中在两个方法上：关键词匹配方法和传统机器学习方法。关键词匹配方法根据预定义的关键词（如演员名或角色名，体育赛事中的队伍或运动员名字等）筛选出剧透者[211-213]。然而，关键词匹配方法需要人为地固定输入，因此在各种应用场景中并没有得到广泛的应用。此外，由于关键词匹配方法误将大量的正面评论视为剧透，因此通常具有较高的召回率和较低的精确率。另一个研究方法是传统机器学习方法。Guo 和 Ramakrishnan[214] 使用词袋模型与 LDA 模型对每条评论含有剧透的可能性进行排序。他们通过互联网电影数据库（internet movie database，IMDB）中评论和项目描述之间的相似性来计算剧透概率得分。Iwai 等[215] 评估了五种传统的机器学习方法，并通过对关键词进行归纳来改进该方法。Jeon 等[216] 根据"命名实体"、"常用动词"、"客观性 +URL"和"时态"四个特征，用 SVM 分类检测剧透。Hijikata 等[217] 引入位置信息和邻域图概率，辅助 SVM 通过上下文信息识别剧透。此外，Chang 等[218] 提出了一种使用体裁感知注意机制的深度神经剧透检测模型。然而，由于上述方法忽略了弹幕数据的交互性、实时性和高噪声特性，因此在弹幕数据中检测剧透的效果并不理想。充分地考虑弹幕特性后，本书克服了以上方法的不足，提出了结合单词级注意力机制与句子方差注意力机制的分层注意力机制，利用弹幕的实时性与交互性，最大限度地降低了噪声评论对剧透检测的影响。

思 考 题

1. 对比 CNN 应用在自然语言处理领域与图像处理领域中的不同之处。
2. 了解 SVM 在关系抽取任务上的应用历史。
3. 深入理解传统的无监督关键词抽取方法及其应用场景。

第 4 章　关系抽取模型的精度提升

关系抽取相关研究在经过十几年的发展之后，已经能够训练出精度较高的关系抽取模型。尤其在神经网络相关技术被应用之后，关系抽取精度进一步提升。然而前人工作大都处理简单的单标签关系抽取，为了进一步提升关系抽取模型在复杂场景中的精度，本章将关注更为复杂的多标签关系抽取任务。

本章首次提出单句多标签的关系抽取问题及对应的解决方法——基于注意力的胶囊网络。具体来说，本章设计基于注意力的胶囊间路由算法和基于滑动窗口的动态损失函数。经实验证实，本章提出的方法确实可有效地提高关系抽取的精度，尤其在多标签的应用场景中。

4.1　概　　述

在通常的关系抽取任务中，一个句子只定义一种关系，但是显然在实际生活中，一句话中的一对实体可能同时表达不同的关系。例如，在句子"Arthur Lee was born in Memphis, Tennessee, and lived there until 1952"中，两个实体词"Arthur Lee"和"Memphis"之间包含了两层关系，分别是"place_birth"和"place_lived"。传统的关系抽取方法往往为一个句子着重提取一种关系，而忽略了多种关系特征同时存在的可能性。因此，本章着重解决多标签关系抽取中模型的精度提升问题。

4.2　多标签关系抽取

如 4.1 节所述，多标签关系抽取是关系抽取任务中较为复杂的应用场景。前人的工作大都假设每个句子有一个关系标签，没有考虑同句多标签的情况。一个句子多个标签的关系抽取任务相较于传统关系抽取更有挑战性。传统的关系抽取模型在该任务上表现不佳的主要原因有两个：关系重叠和特征离散。

（1）关系重叠。关系重叠是指在一个句子中多种关系特征混淆在一起，会极大地干扰关系抽取模型。如图 4.1中问题模块所示，实体对 [Arthur Lee, Memphis] 同时表示三种可能的关系，分别是 [place_birth]、[place_death] 和 [place_lived]。句子 S_1 和 S_2 都同时表示两种关系。句子 S_3 同样表示两种不同的关系 [person/president_of, person/nationality]。因此，我们发现以上句子同时包含多种关系，这些关系重叠在同样的一个句子里，使得传统的关系抽取模型无法准确地判断出该句子属于哪种关系。传统的基于神经网络的关系抽取模型的工作流是首先使用卷积层或者 Bi-LSTM 层提取底层特征，然后通过下采样的方式将底层特征组合成一个关系表示向量，典型的方法有最大池化[166,219] 和词间注意力[54] 等。显然，这些方法都无法准确地区分一句话中重叠在一起的多种关系，尤其是通过下采样形成的一个关系表示向量无法同时表示多种关系特征。为了识别多重关系，我们需要为每一个关系聚合出一个关系表示向量。

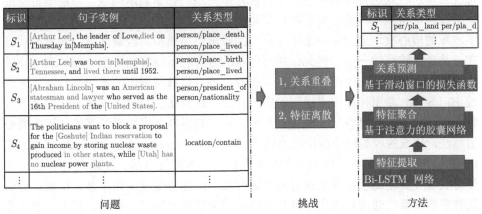

图 4.1　多标签关系抽取的问题、挑战及解决方法（见彩图）

（2）特征离散。特征离散是指关系特征通常会离散分布在一个句子中。传统的神经网络模型通常在时间或者空间上有极大的限制，导致无法很好地聚合离散的关系特征。例如，图 4.1中的所有例句都使用有限个关键词（图中红色字部分）来描述关系，而这些关键词通常都会离散地分布在整个句子中。然而，传统的神经网络方法通常有固定的网络结构，使得离散的信息难以平等地聚集在一起。举例来说，常用的 CNN 有着空间上的限制，只能够同时关注卷积窗口内的局部信息，并通过最大池化层进行取舍，挑选出最重要的特征。这个特点也就是 CNN 著名的平移不变性。其优势是能够保持局部特征的稳定性，劣势是缺少对于全局信息整体的把握。因此，该方法并不十分适用于抽取离散的关系特征，尤其是抽取多重关系的离散特征时，会有较大的精度损失。

除了以上两个缺陷，多标签关系抽取模型更要注意 NA（无关系）的情况。前人的工作大都将 NA 视为关系的一种，和其他所有候选关系一起通过 softmax 方法计算似然概率。显然这种方式判定的 NA 关系不够准确，尤其在多标签关系的场景中，因为 NA 和其他候选关系的判定逻辑刚好相反。如果句子中含有某确定关系的特征，我们就可以判定该句子包含该关系。然而，NA 的判定是取非的逻辑，即需要排除所有候选关系的可能性后，才能判定该句子不包含任何候选关系。

　　针对以上问题，本章将介绍针对多标签关系抽取的解决方法——基于注意力的胶囊网络。如图 4.1 所示，针对多标签关系抽取任务，我们分析传统方法面临的两个重要挑战——关系重叠和特征离散，进而提出了本章的解决方法。从功能角度出发，我们定义了多标签关系抽取解决方法重要的三层结构——特征提取层、特征聚集层和关系预测层。特征提取层提取低级别的底层特征。该层次可以使用不同的特征提取器，本章应用了 Bi-LSTM 和卷积神经网络两种底层特征提取器。特征聚集层将底层特征聚集成高层特征，即关系的抽象表示向量。该层是特征抽象的过程，将相对具象的词汇特征聚集成抽象的关系特征。在该层中，我们提出了本章的核心模块之一——基于注意力的胶囊网络模型。胶囊通常以向量形式存在，是表示特征的一组神经元。胶囊向量的方向表示特征的类别，模长表示该特征的重要性或者存在的可能性。底层胶囊是特征提取层提取的低级别特征，即通过 Bi-LSTM/卷积神经网络提取的底层特征。这些底层胶囊聚集成不同的高层胶囊，每一个高层胶囊表示一种关系类型。底层胶囊向高层胶囊汇聚的过程需要路由算法，传统的胶囊网络应用动态路由或者 EM（expectation maximization）路由[220]。但是，为了更好地完成关系抽取任务，本章提出基于注意力的路由算法，使得底层胶囊向高层胶囊聚集时为重要的底层胶囊分配更大的注意力权重。而底层胶囊的重要性通常可以通过其与实体词的关联性来计算。最终，基于注意力的路由算法将为每一个高层胶囊，也就是关系表示向量，聚集到所有需要的特征。关系预测层根据关系向量来预测每个实例的关系类型，包括特殊处理了 NA 的判定逻辑。本章提出了基于滑动窗口的损失函数来处理多标签关系抽取中的 NA 问题。我们定义了一个滑动窗口来表示符合某关系和不符合某关系的上下边界。在训练过程中，一个句子标注关系的置信度需要大于该窗口的上界，同时其非标注关系要小于窗口的下界。因此，只有在所有候选关系的置信度都低于滑动窗口下界时，我们判定该实例为 NA。最终，本章在两个关系抽取常用数据集上证实了基于注意力的胶囊网络在多标签关系抽取任务上的有效性，同时，该方法在单标签的关系抽取任务上同样表现优秀。下面将详细介绍基于注意力的胶囊网络的技术细节及训练过程。

4.3　基于注意力的胶囊网络模型

　　本节详细阐述基于注意力的胶囊网络模型，通过图 4.2 展示该网络的工作过程。在该图中，本章描述了如何提取句子"Abraham Lincoln was an American statesman and lawyer who served as the 16th President of the United States"中实体词 [Abraham Lincoln] 和 [Unite States] 的关系。h 表示 Bi-LSTM 模型输入

的隐状态,也表示底层特征;u 表示底层胶囊;r 表示高层胶囊,每个 r 表示一种关系类型的特征;y 表示关系标签;y_{na} 表示没有候选关系。实线表示确定的连接,虚线表示可能的连接。基于注意力的胶囊网络模型一共有如下三个层次,本节将具体阐释三层结构网络的工作方式。

(1) 特征提取层。已知句子 s^* 及两个实体词,Bi-LSTM 网络将从句子中直接提取低级别特征。

(2) 特征聚集层。已知所有的低级别特征,通过基于注意力的路由算法为每个关系聚集出一个高级别的关系表示向量。

(3) 关系预测层。已知所有的高级别关系表示向量,通过基于滑动窗口的损失函数训练模型,给出所有可能关系的预测,包括 NA。

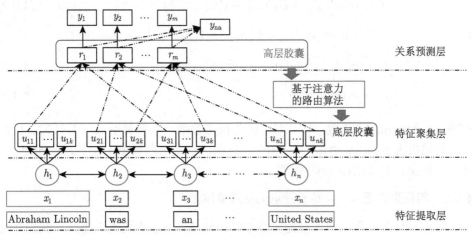

图 4.2 基于注意力的胶囊网络架构

4.3.1 特征提取层———Bi-LSTM 网络

特征提取层包括两个主要部分:输入词汇表示向量和 Bi-LSTM 网络。

(1) 输入词汇表示向量是经过预训练之后的词汇表示,通常能够携带一定的词汇语义信息。词汇表示向量又包含两个部分:一个是预训练的词向量;另一个是位置向量。词向量是每个词汇经过预训练后获取的唯一表示向量,在本章中使用 skip-gram 设置的预训练模型[12],最终每个词向量的维度为 d_w。在关系抽取的任务中,除了词向量,实体词的位置信息及所有其他词汇与实体词的相对位置信息都十分重要。因此,本章同样用当前词汇与实体词的相对距离编码当前词汇的位置向量。例如,在图 4.2 中例句 "Abraham Lincoln was an American statesman and lawyer who served as the 16th President of the United States" 中,词汇 "statesman" 到两个实体词 "Abraham Lincoln" 和 "United States" 的距离分别是 4 和 −11。因此，我们将 4 和 −11 编码为位置向量，随机初始化为 d_p 的维度，并在训练过程中不断更新。最终的词汇表示向量是词向量和位置向量的拼接，因此 Bi-LSTM 网络的输入为向量序列 $s^* = \{x_1, \cdots, x_i, \cdots, x_m\}$，其中，$x_i \in \mathbf{R}^{d_w + d_p}$ 是词汇表示向量，m 是句子的词汇数量。

（2）Bi-LSTM 网络是循环神经网络的一种，并且在关系特征提取上被证明十分有效[52,54]。其通常的实现模式包括输入门 i_t、遗忘门 f_t、输出门 o_t 及一个存储单元 c_t。所有的模块协同当前的输入词汇表示向量 x_t 及前一个词汇的隐状态 h_{t-1} 生成当前词汇的隐状态 h_t。具体运算公式如下：

$$i_t = \sigma(W_i[x_t] + U_i h_{t-1} + V_i c_{t-1} + b_i) \tag{4.3.1}$$

$$f_t = \sigma(W_f[x_t] + U_f h_{t-1} + V_f c_{t-1} + b_f) \tag{4.3.2}$$

$$c_t = i_t \tanh(W_c[x_t] + U_c h_{t-1} + V_c c_{t-1} + b_c) + f_t c_{t-1} \tag{4.3.3}$$

$$o_t = \sigma(W_o[x_t] + U_o h_{t-1} + V_o c_t + b_o) \tag{4.3.4}$$

$$h_t = o_t \tanh(c_t) \tag{4.3.5}$$

式中，σ 是 sigmoid 函数；W、U、V 为网络参数。本章使用双向 LSTM，因此最终的输出为 $h_t = [h_t \oplus h_t], h_t \in \mathbf{R}^{d_h}$，其中，$h_t$ 是前向输出，h_t 是反向输出，$\oplus$ 是对位相加，d_h 是隐状态的维度。

4.3.2   特征聚集层———基于注意力的胶囊网络

胶囊网络在图像识别领域的重叠数字识别任务上表现优秀。因此，我们认为胶囊网络同样适用于重叠的关系特征的抽取。在基于注意力的胶囊网络中，每个胶囊是一组神经元，其活动向量表示特定类型的关系特征的实例化参数。胶囊向量的模长代表了其对应特征的重要性或者存在的可能性，其方向表示特征的类型。胶囊网络通常至少需要两层不同类型的胶囊，低层胶囊代表低级别的和局部的特征，高层胶囊代表抽象度较高的特征。高层胶囊通常通过底层胶囊的聚集来实现。具体在关系抽取的任务中，我们将特征提取层输出的所有隐状态向量 h 打散成底层胶囊 $u \in \mathbf{R}^{d_u}$。每个词汇的隐状态被映射为 k 个底层胶囊。每个底层胶囊应用一个挤压函数 g，将向量的长度归一化到 $[0, 1]$，以表达存在该特征的概率。具体运算公式如下：

$$h_t = [u'_{t1}; \cdots; u'_{tk}] \tag{4.3.6}$$

$$u_{tk} = g(u'_{tk}) = \frac{||u'_{tk}||^2}{1 + ||u'_{tk}||^2} \frac{u'_{tk}}{||u'_{tk}||} \tag{4.3.7}$$

式中，$[x; y]$ 表示 x 和 y 的垂直拼接。在底层胶囊生成之后，大量相关的底层胶囊被聚集在一起形成高层胶囊，也代表着抽象程度更高的关系特征。因此，高层胶囊 $r_j \in \mathbf{R}^{d_r}$ 用如下公式计算：

$$r_j = g\left(\sum_i w_{ij} W_j u_i \right) \tag{4.3.8}$$

式中，耦合系数 w_{ij} 由下面提到的路由算法确定；$W_j \in \mathbf{R}^{d_r \times d_u}$ 为每个关系表示向量对应的参数矩阵。

　　基于注意力的路由算法是基于注意力的胶囊网络最核心的部分，也是高层胶囊（也可看作关系表示向量）集成的最重要方式。传统的基于动态路由的算法[5]并不完全适应关系抽取的任务。为了强调关系抽取任务中实体词的重要性，基于注意力的路由算法为和实体词更相关的底层胶囊赋予了更多的注意力权重。在该算法中，w_i 表示第 i 个底层胶囊到所有高层胶囊的耦合系数，这些耦合系数的和为 1，并且通过中间变量 b_{ij} 和 softmax 方法计算每一个 w_{ij}，b_{ij} 通过迭代进行更新。除此之外，我们为不同的底层胶囊赋予了不同的注意力权重 α 来最大化重要的关系相关词汇对于关系抽取结果的影响。在基于注意力的路由算法中，本章假设和实体词更相关的词汇对最终的关系抽取结果有着更多的影响。举例来说，句子 "[Abraham Lincoln] was an American statesman and lawyer who served as the 16th President of the [United States]" 中，和实体词对 [Abraham Lincoln, United States] 更相关的词汇是 "American"、"statesman"、"lawyer" 和 "president" 等。这些相关词汇显然对于最终的关系抽取结果更有意义。因此我们通过注意力机制来确保重要的底层胶囊（那些来自关键词汇的底层胶囊）有着更大的注意力权重，无关的底层胶囊（那些来自无关词汇的底层胶囊）有着更小的注意力权重。与传统注意力机制不同的地方在于，本算法并不需要在所有底层胶囊上进行归一化，因为重要的底层胶囊之间没有互斥的关系，可以同等地获得较高的权重。无关的底层胶囊同样没有互斥关系，可以均等地获得较低的权重。因此，我们使用 sigmoid 函数计算注意力权重，具体的耦合系数 w_i 和注意力权重 α 的计算应用以下公式：

$$w_{ij} = \frac{\exp(b_{ij})}{\sum_j \exp(b_{ij})} \tag{4.3.9}$$

$$\alpha_i = \sigma(h_e^{\mathrm{T}} h_t^i) \tag{4.3.10}$$

式中，h_e 为两个实体词对应的隐状态的加和；h_t^i 为用来拆分成当前底层胶囊的隐状态；T 为矩阵转置操作。sigmoid 函数在 0 和 1 之间归一化了注意力权重，并

且最大化重要的底层胶囊和无关的底层胶囊之间的差异。基于注意力的胶囊网络
路由算法如算法 4.1 所示。

算法 4.1 基于注意力的胶囊网络路由算法

Require: 底层胶囊 u，迭代次数 z，实体特征 h_e，隐状态 h_t
Ensure: 高层胶囊 r

1: **for** 所有底层胶囊 u_i 和高层胶囊 r_j **do**
2: 　　初始化耦合系数 w_i
3: 　　$b_{ij} = 0$
4: **end for**
5: **for** z 轮迭代 **do**
6: 　　$w_i = \text{softmax}(b_i), \forall u_i \in u$
7: 　　$\alpha_i = \sigma(h_e^{\mathrm{T}} h_t^i), \forall u_i \in u$
8: 　　$r_j = g(\sum_i w_{ij}\alpha_i W_j u_i), \forall r_j \in r$
9: 　　$b_{ij} = b_{ij} + W_j u_i r_j, \forall u_i \in u \text{ and } \forall r_j \in r$
10: **end for**

4.3.3　关系预测层———基于滑动窗口的损失函数

在传统的胶囊网络应用中，顶层胶囊的模长可以描述符合对应关系的概率。
因此，在图像识别的应用上[5]，前人通常使用固定的损失函数来区分不同的类别。
使用如下公式：

$$L_j = Y_j \max(0, m^+ - ||r_j||)^2 + \lambda(1 - Y_j)\max(0, ||r_j|| - m^-)^2 \tag{4.3.11}$$

式中，m^+ 和 m^- 均为经验设置的阈值，多数情况设置为 0.9 和 0.1。L 代表 Loss，
Y 代表标签。λ 为非关系项弱化参数，该参数起弱化非关系项的作用。显然，这
种经验设置并不会对每一个任务都有效，而且额外要求模型使用者有很强的领域
背景知识。因此，在应用到关系抽取任务中时，本章提出了基于滑动窗口的损失
函数，自适应地学习 m^+ 和 m^-。改进的损失函数公式为

$$L_j = Y_j \max(0, (B + \gamma) - ||r_j||)^2 + \lambda(1 - Y_j)\max(0, ||r_j|| - (B - \gamma))^2 \tag{4.3.12}$$

式中，当句子表示关系 r_j 时 $Y_j = 1$，否则 $Y_j = 0$；γ 是定义滑动窗口宽度的超
参数；B 为动态学习到的阈值参数。

非关系项即以上公式的后半部分，当句子不表示关系 r_j 时（$Y_j = 0$）该项数
值为正。通常情况下，$\lambda \in (0,1)$，因此该参数能够防止关系胶囊长度萎缩的问题。

该问题是模型训练早期非关系项在损失函数中的占比太大导致的。完整的损失函数是所有关系上的 L_j 加和。此外，为了应对 NA 关系与其他候选关系相反的决策逻辑，在测试过程中，新的决策逻辑如下：① 当句子及其目标实体对在所有候选关系上的似然概率（高层胶囊的模长）都低于滑动窗口的下界（即 $B-\gamma$ 时），该句子包含的目标实体对的关系是 NA，即不符合任意候选关系；② 当句子及其目标实体对在某些候选关系 r 上的似然概率高于滑动窗口的上界（即 $B+\gamma$ 时），该句子包含的目标实体对的关系是 r。

4.4　实　　验

为证明基于注意力的胶囊网络在关系抽取上的效果，尤其对多标签关系抽取的作用，本章进行了详细的实验论证。拟回答如下问题：① 基于注意力的胶囊网络对于关系抽取任务是否有效；② 基于注意力的胶囊网络对于区分重叠关系是否有效；③ 基于注意力的路由算法和基于滑动窗口的损失函数对于关系抽取任务是否有效。

4.4.1　数据集

为了和同类工作进行公平的比较，本章选取两个常用关系抽取数据集 NYT-10[56] 和 SemEval-2010 Task 8[221]。NYT-10 数据集是通过将 Freebase 里面的关系条目与《纽约时报》的新闻报道文本进行关联，自动化构建的大规模多标签数据集。在前人的工作中，2005 年和 2006 年《纽约时报》的文本被当作训练集，而 2007 年的文本被当作测试集。SemEval-2010 Task 8 数据集是一个较小的被精细标注的关系抽取数据集，在本章中用来验证关系抽取的精度。两个数据集的详细信息如表 4.1 所示。

表 4.1　基于注意力的胶囊网络实验数据集

数据集	训练句子数	测试句子数	多标签句子数	关系类别
NYT-10	566190	170866	45693	53
SemEval-2010 Task 8	8000	2717	0	19

4.4.2　实验设置

本节将介绍本章的实验设置，包括评价指标、对比方法和超参数设置。

（1）评价指标。本章采用两种经典的评价指标来衡量基于注意力的胶囊网络在关系抽取任务上的效果：自动化测评指标和宏平均 F_1 指标。自动化测评对模型输出的结果和知识库中的关系条目进行对比，近似估计关系抽取模型的准确性。其优势是能够应对大规模关系抽取的测评，并且节省大量的人工标注工作，劣势是其测评结果不够精确。具体到指标上，自动化测评方法使用 PR 曲线（precision-recall curve）及其面积来衡量关系抽取模型的效果。PR 曲线是精确率和召回率曲线，以召回率作为横坐标轴，精确率作为纵坐标轴。根据不同置信度下的精确率和召回率的值来描线。

（2）对比方法。本章使用 6 个对比方法，包括两个基于注意力的胶囊网络模型。因为胶囊网络模型的主要贡献在于提供了特征聚集的新方法，所以所有参与比较的模型都是特征聚集的方法[①]。

① 最大池化 + 卷积神经网络（Max-pooling+CNN）通过最大池化的方法聚集经 CNN 提取的关系底层特征[166]。

② 最大池化 + 循环神经网络（Max-pooling+RNN）通过最大池化的方法聚集经 RNN 提取的关系底层特征[52]。

③ 平均聚合 + 循环神经网络（Avg.+RNN）通过对不同的隐状态求平均的方法聚集经 RNN 提取的关系底层特征。

④ 注意力聚合 + 循环神经网络（Att.+RNN）通过对不同的隐状态添加注意力的方法聚集经 RNN 提取的关系底层特征[54]。

⑤ 基于注意力的胶囊网络（Att-CapNet（CNN-based））以 CNN 提取底层特征，进而通过胶囊网络聚合关系特征。

⑥ 基于注意力的胶囊网络（Att-CapNet（RNN-based））以 RNN 提取底层特征，进而通过胶囊网络聚合关系特征。

（3）超参数设置。在本章的实验中，词向量使用 Word2Vec 工具训练[②]。对于数据集 NYT-10，预训练语料库为所有 NYT-10 数据集，训练设置为 skip-gram。对于数据集 SemEval-2010 Task 8，使用和前人工作同样的词向量设置——50 维词向量[70]。此外，本章也使用了以 GloVe 方式预训练的 100 维的词向量[73]。位置向量使用随机初始化的方法，并在训练过程中不断更新。本实验使用 Adam 优化器[222] 来优化损失函数，并应用 L_2 正则和 dropout 技术[223]。另外，为了提高训练效率，本实验采用批训练的方式，依次随机选取一个批次的数据进行训练，直到模型收敛。所有参数使用网格搜索的方式确定，并列在表 4.2 中[③]。各项参数含义如下：d_w 为词汇向量维度；d_p 为位置向量维度；d_h 为隐状态维度；d_u 为底层胶囊维度；d_r 为高层胶囊维度；z 为胶囊路由算法迭代次数；γ 为基于滑动窗口的损失函数中滑动窗口宽度；λ 为基于滑动窗口的损失函数中非关系项弱化参数；η 为学习率。

---

① 其他层次的方法可以和特征聚合的方法相结合。例如，底层特征提取模型本章只选用了 CNN 和 RNN 两种，实际上其他特征提取模型可以替换 CNN/RNN。

② 如果实体词包含多个词汇，多个词汇将被拼接到一起。

③ 对比模型的参数设置，全部参照经验进行设置。

表 4.2　　基于注意力的胶囊网络实验超参数设置

数据集	批大小	d_w	d_p	d_h	d_u	d_r	z	γ	λ	η	dropout 率	L_2 正则强度
NYT-10	50	50	5	256	16	16	3	0.4	0.5	0.001	0.0	0.0001
SemEval-2010 Task 8	50	50	5	256	16	16	3	0.4	0.5	0.001	0.7	0.0

4.4.3　实验效果

本节结合实验部分最开始提出的三个问题,从三方面展示实验效果:① 两个数据集上的整体关系抽取效果;② 基于注意力的胶囊网络在多标签句子上的效果;③ 基于注意力的路由算法和基于滑动窗口的损失函数的效果。

(1)两个数据集上的整体关系抽取效果。在 NYT-10 数据集上的效果如图 4.3 所示。在所有 6 个对比方法的 PR 曲线中,以 RNN 为特征提取模型,以注意力胶囊网络为特征聚合模型的方法取得了最好的结果。根据图 4.3 可以观察到如下现象:① Att-CapNet(RNN-based)模型效果最好;② Att-CapNet(CNN-based)优于 CNN 搭配其他特征聚合算法;③ 基于 RNN 的相关方法优于基于 CNN 的方法。更为具体的精确率、召回率和 F_1 值的数值比较参见表 4.3。同样可以得出以下结论:① Att-CapNet(RNN-based)效果最好,相比于其他方法在 F_1 值上至少提高了 3.2%;② Att-CapNet(CNN-based)比 Max-pooling+CNN 略好一点;③ 原有的关系抽取模型 RNN/CNN 在集成基于注意力的胶囊网络后,关系抽取的效果都有了提升。

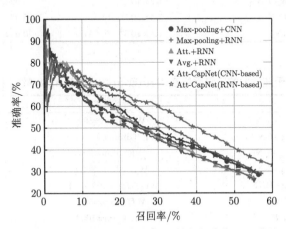

图 4.3　在 NYT-10 数据集上所有方法的 PR 曲线

此外,本章进一步计算了成对的 t 测试中的 p 值和置信区间(confidence intervals, CI)。结果如表 4.4 所示,所有的 p 值都小于 5×10^{-2},并且 F_1 值的增加幅度至少为 2.2%。因此,以上实验的所有结果具备统计显著性。

表 4.3   基于注意力的胶囊网络在 NYT-10 数据集上的效果

方法名称	精确率/%	召回率/%	F_1 值/%	PR 曲线面积
Max-pooling+CNN	28.5	56.3	37.8	0.35
Max-pooling+RNN	28.9	57.0	38.4	0.34
Att.+RNN	26.9	54.9	36.1	0.34
Avg.+RNN	25.7	55.1	35.1	0.33
Att-CapNet (CNN-based)	29.9	55.0	38.8	0.36
Att-CapNet (RNN-based)	**30.8**	**63.7**	**41.6**	**0.42**

最后，本章同样比较了以上方法[①]在 SemEval-2010 Task 8 数据集上的效果，如表 4.5 所示。在表 4.5 中，WE 和 PE 分别代表词向量和位置向量（dim 表示维度）。带 ‡ 标志的方法版本是本章重现的结果，其他方法的结果是经验结果中汇报的结果。从表 4.5 中可以观测到：① 无论是在 NYT-10 数据集上还是在 SemEval-2010 Task 8 数据集上，Att-CapNet（RNN-based）都获得了最好的关系抽取效果；② Att-CapNet（CNN-based）方法优于其他基于 CNN 的模型；③ RNN 在同样设置下优于 CNN；④ 基于注意力的胶囊网络优于其他所有特征聚集的模型。

表 4.4   基于注意力的胶囊网络在 NYT-10 数据集上结果的统计有效性

与 Att-CapNet 比较的方法	p 值	CI（置信水平为 95%）
Max-pooling+CNN	1.0×10^{-2}	[0.023, 0.051]
Max-pooling+RNN	1.2×10^{-2}	[0.022, 0.041]
Att.+RNN	2.4×10^{-5}	[0.052, 0.077]
Avg.+RNN	1.1×10^{-4}	[0.044, 0.064]

表 4.5   基于注意力的胶囊网络在 SemEval-2010 Task 8 数据集上的效果

对比方法	特征种类	F_1 值/%
Max-pooling+CNN	WE（dim=50）	69.7
Max-pooling+CNN‡	WE（dim=50）+PE	79.8
Max-pooling+RNN	WE（dim=50）	80.0
Max-pooling+RNN	WE（dim=300）	82.5
Max-pooling+RNN‡	WE（dim=50）+PE	81.0
Att.+RNN	WE（dim=50）	82.5
Att.+RNN	WE（dim=100）	84.0
Att.+RNN‡	WE（dim=50）+PE	81.7
Avg.+RNN‡	WE（dim=50）+PE	78.4
Att-CapNet（CNN-based）	WE（dim=50）+PE	80.4
Att-CapNet（RNN-based）	WE（dim=50）+PE	**84.5**

① 本章中涉及的方法均不使用语法解析器和其他先验知识，如 WordNet 等。

深入分析以上多个实验的数据及现象，经过充分的交叉验证，我们可以得出如下结论：① 相比于 CNN，RNN 是更好的特征提取模型。因为 RNN 优秀的时间序列建模能力更加适用于语言序列。② 基于注意力的胶囊网络能够集成 CNN和 RNN。本质上，基于注意力的胶囊网络是一种特征聚合算法，因此它能够和多种底层特征提取模型相结合。③ 无论集成何种底层特征提取模型，基于注意力的胶囊网络都比其他特征聚合方法更有效。因为基于注意力的胶囊网络能够识别出重叠的关系特征及聚合离散的关系特征。

（2）基于注意力的胶囊网络在多标签句子上的效果。为了准确地验证基于注意力的胶囊网络在多标签句子上的效果，除了包含多标签数据的 NYT-10 数据集，本章构建了一个全部由多标签句子构成的数据集。该数据集是 NYT-10 的一个子集，是从 NYT-10 数据集中随机挑选的 500 个多标签的句子。理论上，前人的方法不具备多标签的预测能力，通常每个句子给出置信度最高的预测作为该句子的关系预测。如果仅以此种方法评估前人方法的效果，那么上述四个对比方法只能获得低于 40% 的召回率，远远低于 Att-CapNet（RNN-based）的召回率（93.7%）。因此，本章同样为前人方法定义了置信度的阈值，用以扩大它们给出的关系预测结果，实现模拟多关系抽取的效果。为了调试出使得对应 F_1 值最大的最优阈值，本章测试了多个置信度，并以 0.1 的间隔采样置信度计算其对应的 F_1 值，最终挑选最高的 F_1 值。在此种方法下，基于注意力的胶囊网络与其他方法的比较结果如表 4.6 所示，Att-CapNet（RNN-based）方法综合效果最好，在精确率、召回率及 F_1 值三个参数指标上都取得了最高的结果。因此，可以得出结论，基于注意力的胶囊网络在多标签句子上的效果明显。

表 4.6　基于注意力的胶囊网络在多标签句子上的效果

方法	精确率/%	召回率/%	F_1 值/%
Max-pooling+CNN	88.4	91.9	90.1
Max-pooling+RNN	89.3	91.8	90.5
Att.+RNN	88.8	90.6	89.7
Avg.+RNN	86.9	90.5	88.6
Att-CapNet（CNN-based）	87.3	93.0	90.1
Att-CapNet（RNN-based）	**89.9**	**93.7**	**91.8**

（3）基于注意力的路由算法和基于滑动窗口的损失函数的效果。为了验证基于注意力的路由算法和基于滑动窗口的损失函数的效果，本章评估了基于注意力的胶囊网络分别去掉以上两个模块的效果，分别用动态路由算法与固定间隔的损失函数来替代基于注意力的路由算法和基于滑动窗口的损失函数。本章分别在两个数据集上应用分拆的模型，结果如图 4.4 和表 4.7 所示，"-w/o" 表示去除某模块的意思（"-without"）。从图 4.4 和表 4.7 可以看出，Att-CapNet（RNN-based）

比其分拆模型效果好，同时 Att-CapNet（RNN-based）及其所有的分拆方法在相同设置下（同样的词向量维度）都优于前人最好的方法。基于以上的实验现象，本章可以得出结论：两个分拆模型证明了基于注意力的路由算法和基于滑动窗口的损失函数的有效性。

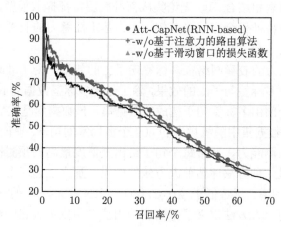

图 4.4　在 NYT-10 数据集上细分模块的 PR 曲线

表 4.7　基于注意力的胶囊网络在 SemEval-2010 Task 8 数据集上各个模块效果

方法	特征类别	F_1 值/%
Att.+RNN	WE（dim=50）+PE	81.7
Att-CapNet（RNN-based）	WE（dim=50）+PE	**84.5**
-w/o 基于注意力的路由算法	WE（dim=50）+PE	83.6
-w/o 基于滑动窗口的损失函数	WE（dim=50）+PE	82.3

4.4.4　案例分析

本节采用具体的实例来说明基于注意力的胶囊网络在多标签关系抽取任务上的效果，如表 4.8 所示。在表 4.8 中实体词被加粗标记在中括号里，关系标签"PB"、"PL"、"LC"、"CA" 和 "CC" 分别代表关系 "person/place_birth"、"person/place_lived"、"location/contain"、"country/administrative_divisions" 和 "country/capital"。从表 4.8 中可以看出，基于注意力的胶囊网络和其他三类特征聚集方法进行了比较，包括最大池化（Max-pooling）、平均聚合（Avg.）和注意力聚合（Att.）。比较结果为：① 基于注意力的胶囊网络能够识别出所有的标签，较其他方法在正确关系召回上表现得十分突出；② 其他三种方法只能给出一个确信的预测；③ 部分方法如 Max-pooling 甚至不能预测出句子 S_1 中的任何关系；④ 基于注意力的胶囊网络有能力识别出高度重叠在一句话中的关系。案例分析结果进一步证实了上述实验的结论：基于注意力的胶囊网络能够提升多标签关系抽取的精度。

表 4.8 基于注意力的胶囊网络模型的案例分析

句子实例	标签	卷积神经网络		
		Max-pooling	Avg. Att.	Att-CapNet
S_1: Twenty years ago, another [**Augusta**] native, [**Larry Mize**], shocked Greg Norman in a playoff by holing a 140-foot chip for birdie on the 11th hole to win the masters in a playoff	PB	0	0 0	1
	PL	0	1 1	1
S_2: Brothers or cousins except for its drummer, Oscar Lara, the band originally comes from [**Sinaloa**], [**Mexico**], but has lived in San Jose, California, for nearly 40 years	LC	1	0 0	1
	CA	0	1 1	1
S_3: The white house criticized the speaker of the house, Nancy Pelosi, for visiting [**Syria**]'s capital, [**Damascus**], and meeting with president Bashar Al-Assad, even going so far as calling the trip "bad behavior", in the words of vice president Dick Cheney	LC	0	0 0	1
	CA	0	0 1	1
	CC	1	1 0	1

4.5 本 章 小 结

本章介绍了一种提升关系抽取精度的方法，对于传统关系抽取模型无法解决的多标签关系抽取问题尤其适用。本章提出并详细介绍了基于注意力的胶囊网络模型，极大地提高了重叠关系识别的精度和关系特征聚合的精确率。据我们所知，该模型是胶囊网络在关系抽取任务上的第一次成功尝试。基于注意力的胶囊网络在关系抽取任务上的应用包含三个层次。首先，通过传统关系特征提取模型（如Bi-LSTM）提取低级别关系特征；其次，低级别关系特征通过基于注意力的路由算法聚合成高级别的关系表示向量；最后，应用基于滑动窗口的损失函数合理地训练模型，继而对于所有关系给出准确的预测结果，包括与其他候选关系判定逻辑相反的 NA。详尽的实验数据证明了基于注意力的胶囊网络在多标签关系抽取上的效果及这种新的关系特征聚合方式对于关系抽取模型精度的积极影响[①]。

思 考 题

1. 传统的最大池化和词间注意力等方法为什么无法准确地识别一句话中重叠的多种关系？

---

① 本章的工作已经收录于国际会议 AAAI 2019（Multi-labeled Relation Extraction with Attentive Capsule Network）。

2. 总结胶囊网络相较于传统特征聚合方法的核心优势。

3. 除了 CNN 和 RNN，还有哪些可用的底层特征提取器，它们的优缺点有哪些？

4. 如何通过可视化的方法来进一步明确胶囊网络的工作机制？说明动态路由算法的有效性。

第 5 章　关系抽取模型的效率优化

近年来神经网络模型在关系抽取任务上得到广泛的应用,并取得惊人的效果。然而神经网络相关模型通常具有很高的计算复杂度,需要大量计算资源的支持。极大的时空复杂度是神经关系抽取模型向大规模关系抽取上扩展的巨大障碍,同时也提高了关系抽取相关研究的准入门槛。为了降低关系抽取研究门槛并且完成高效的大规模关系抽取任务,本章专注于提升神经关系抽取模型的效率。

本章首次在效率上优化基于神经网络的关系抽取,提出基于句内问答模式的关系抽取模型,在保证关系抽取精度的同时,极大地降低关系抽取的时空复杂度。

5.1　概　　述

近年来,神经关系抽取模型在关系抽取任务上得到了广泛的应用,尤其在数据规模较大的基于远程监督的关系抽取任务中。然而现有的基于神经网络的关系抽取模型(多以 CNN 和 RNN 为主)都使用复杂的网络结构对全句进行建模,带来了较高的时空复杂度。较高的时空复杂度使得这些关系抽取模型很难应用到更大规模的关系抽取任务中,同样也阻碍了远程监督的关系抽取模型在实际业务场景中的应用。因此,本章首先分析基于神经网络的关系抽取模型在对句子整体建模时遭遇的效率陷阱,继而提出超级简化版本的神经关系抽取模型——基于句内问答的关系抽取模型,并在理论和实验两方面证明该模型在不损失关系抽取精度的前提下,能极大地提高关系抽取的效率。具体来说,本章在提高关系抽取效率方面做出如下贡献:

(1)首次提出了高效的关系抽取模型——基于句内问答的关系抽取(question-answering based relation extractor, QARE)模型,在时间复杂度和空间复杂度上均优于传统的 CNN 和 RNN。

(2)简化了对句子建模的过程,提高效率的同时专注于真正重要的关系特征,使得关系抽取精度也相应地得到提升。

5.2　神经关系抽取模型的效率陷阱

典型的基于神经网络的关系抽取模型为 CNN 模型和 RNN 模型。传统的基于神经网络的关系抽取模型对整个目标句子逐词建模,包括很多直观看上去与关系抽取无关的词汇。CNN 模型维护每一个词汇的本地特征，再使用最大池化挑选需要的特征；RNN 模型维护每个词汇的隐状态，再挑选需要的隐状态进行特征拟合，当前词汇隐状态唯一依赖前一个或者后一个词汇的隐状态和当前词汇的输入。以上两种方法都在关系无关词汇上浪费了大量的计算资源。举例来说，在例句 "It is no accident that the main event will feature the junior welterweight champion Miguel Cotto, a Puerto Rican, against [Paul Malignaggi], an Italian American from [Brooklyn]" 中，判定实体词对 [Paul Malignaggi, Brooklyn] 关系时，可以只关注子句 "Paul Malignaggi, an Italian American from Brooklyn"。因此对于该例句来说，大多数的词汇是无关词汇，Liu 等[224] 在其工作中同样阐述了该现象。然而传统的 CNN/RNN 在建模该例句时大部分的计算资源会分配给无关词汇，我们称此种现象为关系抽取任务中神经网络模型陷入的效率陷阱。

该现象为关系抽取模型带来两个负面的影响。首先是显而易见的效率问题，无关词汇的计算占据了大部分的计算资源，极大地降低了关系抽取的整体效率。其次，大量计算无关词汇将干扰正常关系特征提取，"稀释" 关系特征的 "浓度"。图 5.1 展示了部分关系类别及其实例，在句子中括号里面是实体词，斜体部分是和关系高度相关的重要词汇，"PPB"、"LC" 和 "CF" 分别表示关系类别 "person/place_of_birth"、"location/contain" 和 "company/founders"。图 5.1 中的三个句子表示了三种关系，它们描述关系的词汇大都是有限的几个词汇，并且离散地分布在句子中。因此，本章提出关系抽取工作的一个重要假设——关系特征的有限离散分布假设。

定义 5.1 给定句子 s 包含 m 个字或词，记为 $s = \{t_1, t_2, \cdots, t_m\}$，其中有两个词被标记为实体词，分别为头实体 e_1 和尾实体 e_2。那么实体对 $[e_1, e_2]$ 之间的关系特征被句子 s 中 k 个离散的词汇表达，其中 $k \leqslant m$。

句子	关系
It is no accident that the main event will feature the junior welterweight champion Miguel Cotto, a Puerto Rican, against *[Paul Malignaggi], an Italian American from [Brooklyn]*	PPB
The politicians want to block a proposal for the [*Goshute*] *Indian reservation* to gain income by storing nuclear waste produced *in other states*, while [*Utah*] *has no* nuclear power *plants*.	LC
[*Steve Jobs*] was the *co-founder* and CEO of [*Apple*] and formerly Pixar.	CF

图 5.1 句子实例中关键词分布

事实上，近年来越来越多研究工作注意到关系特征的分布特点，Liu 等[224] 在

2018 年统计了经典关系抽取数据集 NYT-10 中原始句子长度分布和经过语法剪枝后的句子长度分布。在证明经过有效剪枝能获得更高的关系抽取精确率后，Liu 等[224] 比对了剪枝前后句子长度的分布，发现剪枝后训练数据中句子长度的分布远远小于原始句子长度的分布，具体结果如图 5.2 所示。Liu 等[118] 提出了更具体的干扰词汇数据。据其统计，在 NYT-10 数据集中，平均每句话至少包含 12 个与关系特征无关的干扰词，并且超过 99.4% 的句子包含噪声词汇。

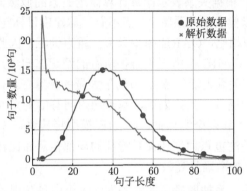

图 5.2　在 NYT-10 数据集上句子长度的分布

　　尽管近年来陆续有方法来应对上面的问题，如利用依存语法树（dependency-based parse tree）先进行句子剪枝再进行关系抽取[224,225] 和利用词汇级别的注意力机制强调重点词[54]。然而这些工作都存在重大缺陷，前者过于依赖语法树，并且有限种语法模式无法表达大规模的关系特征，使得该类方法在扩展到大规模关系应用场景中时效果很差；后者虽然能使用注意力机制端到端地解决上述问题，但是一方面注意力机制只能强调关键词汇，无关词汇依然对结果有不小的干扰，另一方面，该类方法依然需要对全句进行建模，并不能提高模型效率，相反会进一步地降低基于神经网络的关系抽取模型的效率。

　　综合以上信息可知，为了逃离神经关系抽取模型的效率陷阱，并结合关系特征在句子中有限离散分布的特点，本章认为提高神经关系抽取模型效率的重点在于去除句子中无关词汇的影响，挑选重要词汇，并维护有限的关系特征向量。因此，本章首次提出基于句内问答的神经关系抽取模型，在效率和有效性上都获得极大的提升。

5.3　基于句内问答的关系抽取模型

　　本章开创性地提出 QARE 模型，在降低句内关系无关词汇干扰和提高基于神经网络关系抽取模型效率方面有了极大的提升。针对关系抽取的原始问题，给定句子 s 和实体对 $[e_1, e_2]$，基于句内问答的关系抽取模型以句内问答的形式在句子中检索关系特征。形象地来说，我们定义的问题是："在句子 s 中实体 e_1 和 e_2 之间的关系是什么？"。该问题的答案即是关系表示向量，即从整个句子中重要的词汇中检索而来的关系特征。基于句内问答的关系抽取模型的工作流程包括：① 利用初始查询向量（即实体的表示向量）和全局的输入表示，通过基于实体的注意力模型检索关系词汇；② 通过基于实体的注意力模型更新查询向量；③ 利用携带关系特征的查询向量，通过特征翻译嵌入（translating embeddings）技术计算关系表示向量；④ 根据关系表示向量计算候选关系的似然概率。经过以上的流程，QARE 模型可以检索出关系特征，而不必整体建模目标句子。与传统的 CNN 模型或者 RNN 模型相比，QARE 模型只关注重点词汇，因此使得关系特征的精度有了提升；同时，QARE 模型无须维护所有的隐状态向量，而是只有有限个查询向量和答案向量（关系表示向量），节约了大量的计算资源，因此在关系抽取的效率上也有着极大的提升。具体来说，基于句内问答的关系抽取模型完成如下工作：给定句子实例 s^* 和两个实体词，QARE 模型将其编码成一个关系表示向量，该编码过程因为只关注重点词汇和关系特征的局部信息而比传统的 CNN 模型或者 RNN 模型都要更加准确且高效。

基于句内问答的关系抽取模型的输入词汇表示向量预训练的词向量，通常能够携带一定的语义信息。词汇表示向量又包含两个部分：一个是预训练的词向量，另一个是位置向量。词向量是每个词汇经过预训练后获取的唯一表示向量，在本章中使用 skip-gram 设置的预训练模型[12]，最终每个词向量的维度为 d_w。在关系抽取的任务中，除了词向量，实体词的位置信息及所有其他词汇与实体词的相对位置信息都十分重要。尤其在基于句内问答的关系抽取模型中，摒弃了如 CNN 模型和 RNN 模型等连续建模方式的神经网络结构，位置信息对于重点词汇的识别等工作都十分重要。因此，本章同样用当前词汇与实体词的相对距离编码当前词汇的位置向量。例如，在图 5.1 中例句 "Steven Jobs was the co-founder and CEO of Apple" 中，词汇 "co-founder" 到两个实体词 "Steven Jobs" 和 "Apple" 的距离分别是 3 和 −4。因此，我们将 3 和 −4 编码为位置向量，随机初始化为 d_p 的维度，并在训练过程中不断更新。最终的词汇表示向量是词向量和位置向量的拼接，因此 QARE 模型的输入为向量序列 $s^* = \{x_1, \cdots, x_i, \cdots, x_m\}$，其中 $x_i \in \mathbf{R}^{d_w + d_p}$ 是词汇表示向量，m 是句子的词汇数量。

5.3.1　网络结构

基于句内问答的关系抽取模型的功能架构图和运算流程图如图 5.3 和图 5.4 所示，前者描述了 QARE 模型的功能架构，后者展示了 QARE 模型的运算流程。如图 5.3 所示，QARE 模型包括 5 个主要模块及层次，自底向上依次是：网络输

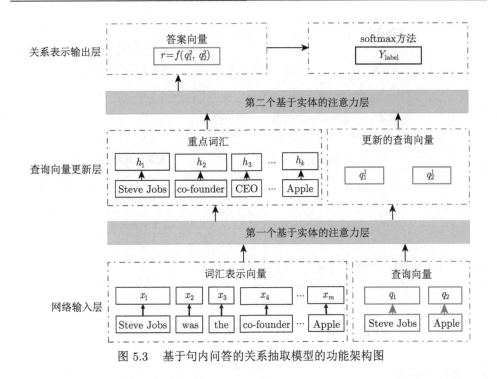

图 5.3　基于句内问答的关系抽取模型的功能架构图

入层、第一个基于实体的注意力层、查询向量更新层、第二个基于实体的注意力层和关系表示输出层。各层次具体任务如下所示。

（1）网络输入层包括词汇表示向量 X 和查询向量 $[q_1, q_2]$（初始化为实体表示向量，即实体词对应的词汇表示向量）。

（2）第一个基于实体的注意力层通过查询向量 $[q_1, q_2]$ 和词汇表示向量 X 的相似矩阵，计算不同词汇与查询向量的相关性，生成相关性系数矩阵 A。

（3）查询向量更新层根据相关性系数矩阵 A 选择最相关的 k 个词汇，并按照相关系数权重更新查询向量，得到 $[q_1^1, q_2^1]$。

（4）第二个基于实体的注意力层通过更新的查询向量 $[q_1^1, q_2^1]$ 和 k 个重点词汇的对齐，再次计算不同词汇与查询向量的相关性。

（5）关系表示输出层根据第二个基于实体的注意力层得到的相关性系数和 k 个重点词汇，计算得到最终的查询向量 $[q_1^2, q_2^2]$，基于 Bordes 等[226] 在 2013 年提出的关系翻译理论，QARE 模型利用 $[q_1^2, q_2^2]$ 和翻译函数 $f(\cdot)$ 一起计算最终的关系表示输出 r。

基于实体的注意力模型主要用于计算所有词汇向量和查询向量（即实体词）之间的相关度矩阵 $A \in \mathbf{R}^{2 \times m}$，用于完成两个任务：① 选择整句话中与实体最相关的 k 个词汇；② 根据相关度矩阵 A 更新下面一轮的查询向量。相关度矩阵 A

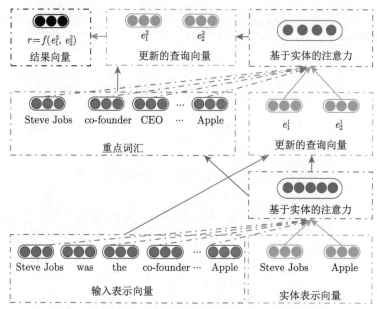

图 5.4　基于句内问答的关系抽取模型的运算流程图

的运算公式如下:

$$E = [q_1, q_2]^{\mathrm{T}} X \tag{5.3.1}$$

$$A_{ij} = \frac{\exp(E_{ij})}{\sum\limits_{j'=1}^{m} \exp(E_{ij'})} \tag{5.3.2}$$

式中, T 为矩阵转置; E 为中间变量。对于任务①, 根据计算每个词汇与查询向量的相似权重值 α 来选择 k 个关键词:

$$\alpha_j = \sum_{i=1}^{2} A_{ij} \tag{5.3.3}$$

此外, 对于任务②, 根据所有词汇信息及其与查询向量的相关度, 可以获得新的查询向量 $[q_1{}^1, q_2{}^1]$:

$$\left[q_1^1, q_2^1\right]^{\mathrm{T}} = A X^{\mathrm{T}} \tag{5.3.4}$$

受到自注意力机制启发, 该计算任务可以应用多头注意力（multi-head attention）机制和前馈方法（feed-forward method）来使得 QARE 模型在训练时更加高效而稳定。多头注意力机制的原理是更新查询向量时, 将输入映射为 l 个线性组合,分别计算后再进行拼接。好处是可以解耦输入的向量在全维度上的依赖，使得输入向量的不同部分能够单独运算，得到需要的特征表示。具体运算公式如下：

$$\left[q_1^1, q_2^1\right]_{\text{multi-head}}^{\text{T}} = [A_1 X_1^{\text{T}}; \cdots; A_l X_l^{\text{T}}] \tag{5.3.5}$$

式中，$[x; y]$ 为 x 和 y 的水平拼接；X_l 为原始输入矩阵 X 的第 l 个线性映射。前馈方法用于激活每层的查询向量，$Q \in \mathbf{R}^{2 \times d_r}$ 为查询向量。前馈方法包括两个线性变换及一个 ReLU 激活函数：

$$\varphi(Q) = \max(0, a_1 Q + b_1) a_2 + b_2 \tag{5.3.6}$$

式中，a_1、a_2、b_1 和 b_2 是网络参数；$\varphi(\cdot)$ 的输入和输出不会带来维度的变化。在多头注意力机制和前馈方法的基础上，QARE 模型同样应用了网络中的残差信息[227]，以避免部分特征在两层基于实体的注意力模型之间衰减而导致的模型过早收敛。添加残差信息后的查询向量的计算方法如下：

$$Q^{j+1} = A^j {X^j}^{\text{T}} + Q^j \tag{5.3.7}$$

式中，Q^j 与 Q^{j+1} 分别为第 j 层和第 $j+1$ 层的查询向量；X^j 是第 j 层基于实体的注意力的输入向量。

答案向量是两个最终的查询向量 $[q_1^2, q_2^2]$ 的翻译嵌入。最终的查询向量 $[q_1^2, q_2^2]$ 已经集成了必要的实体信息和关系特征信息。参考 Bordes 等[226] 的翻译嵌入方法，如果存在一个关系三元组 $[e_1, r, e_2]$，则头实体 e_1 的表示向量应该近似等于尾实体 e_2 的表示向量减去关系 r 的表示向量。翻译嵌入方法可以表示为

$$e_1 \approx e_2 - r \tag{5.3.8}$$

然而，直接进行减法运算太过简单，难以拟合复杂的关系特征。因此，在关系抽取任务中，QARE 模型的答案向量用一层神经网络拟合两个查询向量之间的运算，具体公式如下：

$$r = f(q_1^2, q_2^2) = q_1^2 + a_t q_2^2 + b_t \tag{5.3.9}$$

式中，q_1^2 和 q_2^2 为集成了大部分实体及关系特征的最终查询向量；$a_t \in \mathbf{R}^{d_r}$ 和 $b_t \in \mathbf{R}^{d_r}$ 为翻译嵌入的参数矩阵；$r \in \mathbf{R}^{d_r}$ 为答案向量，也就是关系表示向量。

5.3.2　复杂度分析

本节在理论上分析了 QARE 模型与传统的基于 CNN 模型和 RNN 模型的关系抽取模型之间的性能差异。首先，详细分析两个传统神经网络模型的运算细节，继而比较了三种方法在时空复杂度上的差异，同时比较了可并行的序列操作

数目，最终呈现三种方法的计算复杂度。值得注意的是，本章中提到的空间复杂度均指 GPU 中显存的消耗规模。

（1）CNN 模型。CNN 模型是被广泛地应用于关系抽取的神经网络模型，本章只衡量单层卷积网络的计算复杂度。卷积层通过定义滑动的窗口 w 来抽取局部特征。局部特征 h 是由 w 个连续的输入向量点乘卷积核 $W \in \mathbf{R}^{d_r \times wd_x}$ 计算得到的。卷积核的数量即关系表示向量的长度 d_r。具体来说，卷积层的核心运算公式为

$$h_{ij} = W_i \cdot [x_{j-1}; x_j; x_{j+1}] \tag{5.3.10}$$

式中，$[x; y]$ 表示 x 和 y 的垂直拼接；h_{ij} 为第 i 个卷积核作用下第 j 个值，i 和 j 的范围分别为 $[1, d_r]$ 和 $[1, m]$。最大池化方法选择 h_i 中最重要的特征 $h_i^* = \max(h_{ij})$，其中 $h_i^* \in \mathbf{R}_r^d$。最后，h_i^* 通过一个非线性变换被规约为关系表示向量 r。

（2）RNN 模型。RNN 模型同样是常用的关系抽取模型，本章以双向门循环单元（bidirectional gated recurrent unit，BGRU）[83] 为例分析 RNN 模型的计算复杂度。BGRU 包括两个主要的组件：① 更新门 u_t；② 重置门 r_t。更新门决定更新多少信息，重置门决定忘记多少之前的信息。两个门组件结合当前输入 x_t 和前一时刻的状态 $\tilde{h}_t$ 一起计算当前的状态 h_t，具体计算公式如下：

$$u_t = \sigma(W_u[x_t] + U_u h_{t-1} + b_u) \tag{5.3.11}$$

$$r_t = \sigma(W_r[x_t] + U_r h_{t-1} + b_r) \tag{5.3.12}$$

$$\tilde{h}_t = \tanh(W[x_t] + U(r_t \odot h_{t-1}) + b) \tag{5.3.13}$$

$$h_t = u_t \odot \tilde{h}_t + (1 - u_t) \odot h_{t-1} \tag{5.3.14}$$

式中，W_u、U_u、b_u、W_r、U_r、b_r、W、U、b 为网络参数；σ 为 Sigmoid 函数；$\odot$ 为按位相乘。此外，BGRU 同时处理两个方向的序列，并综合得到最后结果：

$$h_t = [\overrightarrow{h_t} \oplus \overleftarrow{h_t}] \tag{5.3.15}$$

式中，$h_t \in \mathbf{R}^{d_r}$ 是 BGRU 第 t 个词汇的隐状态；$\oplus$ 表示按位加。

（3）时空复杂度分析。在时间复杂度方面，CNN 模型需要为每个词汇并行消耗 $O(d_r \times wd_x)$ 次运算来获得最终的关系表示向量。RNN 模型中，每个词汇的计算量为 $O(d_r \times d_x)$。而在 QARE 中，只有两个查询向量和 m 个或者 k 个词汇进行运算，同时在 QARE 中，关系表示向量的维度 d_r 和输入词汇表示向量的维度 d_x 是一致的，因此，QAER 的最终时间复杂度为 $O(d_x(m + k))$。

在空间复杂度方面，本章将三个词向量和位置向量的损耗表示为 Φ，并且只讨论 GPU 的显存消耗，不涉及 CPU 的内存开销，事实上在相同设置情况下，三

类方法需要载入的运算数据是一致的，因此内存消耗差距不大。由于反向传播算法的需要，本章关注的显存消耗主要集中在长句子中各个词汇的中间状态，该部分的开销也是实际训练网络模型中最主要的显存开销。CNN 模型和 RNN 模型需要存储隐状态数目为 m，而 QARE 网络只需要存储 2 个查询向量。因此，3 个网络结构的最终显存开销分别为 $O(md_r)$、$O(md_r)$ 和 $O(d_x)$。

基于神经网络的关系抽取模型的复杂度比较如表 5.1 所示，本章首先列出了三类典型神经网络结构的时间复杂度和空间复杂度。在表 5.1 中，w 为 CNN 模型的卷积核大小，m 为序列长度，k 为关键词汇数目，d_r 为关系表示向量维度，d_x 为输入词汇向量维度，Φ 为共同的输入词向量存储空间。除此之外，表 5.1 还列出并行运算数目。CNN 模型和 QARE 模型能够并行运算，所以需要整个句子需要 $O(1)$ 的并行操作，而 RNN 模型需要 $O(m)$ 个操作。由表 5.1 可知，相比于 CNN 模型和 RNN 模型，QARE 模型在时空复杂度上有显著的提升。

表 5.1　基于神经网络的关系抽取模型的复杂度比较

模型	时间复杂度	空间复杂度	并行运算数目
CNN	$O(wmd_rd_x)$	$O(md_r + \Phi)$	$O(1)$
RNN	$O(md_rd_x)$	$O(md_r + \Phi)$	$O(m)$
QARE	$O((m+k)d_x)$	$O(d_x + \Phi)$	$O(1)$

5.4　实　验

本节为证明基于句内问答的关系抽取模型在关系抽取效率上的提升，进行详细的实验论证。拟回答如下问题：基于句内问答的关系抽取网络是否能在保证关系抽取精度不变的情况下大幅度地提升效率？

5.4.1　数据集

为了和其他基于神经网络的关系抽取模型进行公平的比较，并验证大规模关系抽取应用场景下的效果。本章选取常用大规模关系抽取数据集 NYT-10[56]，并构建了比数据集 NYT-10 规模大一个数量级的数据集 NYT-18。数据集 NYT-10 是通过将 Freebase 里面的关系条目与《纽约时报》的新闻报道文本进行关联，自动化构建的大规模多标签数据集。在前人的工作中，2005 年和 2006 年《纽约时报》的文本被当作训练集，而 2007 年的《纽约日报》的文本被当作测试集。数据集 NYT-18 收集了《纽约时报》近十年的新闻数据（2008~2017 年），使用知识库 Freebase 和斯坦福命名实体识别工具[228]进行自动化标注。最终所有数据按照关系的分布等分成 5 个数据集，进行 5-folder 的交叉验证。两个数据集的具体信息如表 5.2 所示。

表 5.2　基于句内问答的关系抽取模型实验数据集

数据集	训练集/万		测试集/万		关系数
	句子数	实体对数	句子数	实体对数	
NYT-10	52.3	28.1	17.2	9.7	53
NYT-18	244.6	123.4	61.1	39.4	503

5.4.2　实验设置

本节将详述实验设置，包括评价指标、对比方法和超参数设置。

（1）评价指标。本章采用两种评价指标来衡量基于句内问答的关系抽取模型的效果和效率。关系提取效果的自动化测评和关系抽取耗费的时间与显存消耗。自动化测评对模型输出的结果和知识库中的关系条目进行对比，近似估计关系抽取模型的准确性。具体到指标上，自动化测评方法使用 PR 曲线来衡量关系抽取模型的效果。PR 曲线是精确率和召回率曲线，以召回率作为横坐标轴，精确率作为纵坐标轴，根据不同置信度下的精确率和召回率的值来描线。此外，为了比较不同神经关系抽取模型的效率，本章测评了实际训练过程中的时间和显存损耗。

（2）对比方法。我们使用 5 个比对方法，以证明 QARE 模型在性能和效果上均优于传统的 CNN 模型/RNN 模型。全部模型都应用多实例学习算法，并集成了句子级别的注意力模型，以抵消自动构建数据集中错误标注数据的影响。同时，所有的方法均运行于同样的软硬件平台（Tensorflow，Nvidia TITAN Xp GPU）以确保公平的比较时间和显存的消耗。

① 基于卷积神经网络的关系抽取（piecewise convolu-tional neural network，PCNN）通过最大池化的方法聚集 CNN 模型提取的关系底层特征[58,180]。

② 基于循环神经网络的关系抽取（bidirectional gated recurrent unit，BGRU）通过对不同的隐状态添加注意力的方法聚集经 RNN 模型提取的关系底层特征[54]。

③ 基于自生成标签的关系抽取（piecewise convolu-tional neural network + self labeling，PCNN+SL）在 PCNN 方法的基础上集成了软标签生成模块，将训练数据的标签替换成动态生成的软标签[187]。

④ 基于依存语法树剪枝的关系抽取（syntax tree pruning relation extraction，STPRE）通过依存语法树对原始输入句子进行剪枝，进而提取关系特征[224]。

⑤ 基于句内问答模型的关系抽取（question answer relation extraction，QARE）应用句内问答模型抽取关系。

（3）超参数设置。在本章的实验中，词向量使用 Word2Vec 工具训练①。对于两个数据集 NYT-10 和 NYT-18，预训练语料库均为数据集本身，训练设置

---

① 如果实体词包含多个词汇，多个词汇将被拼接到一起。

为 skip-gram。位置向量使用随机初始化，并在训练过程中不断更新。本实验使用 Adam 优化器[222] 来优化损失函数，并应用 L_2 正则和 dropout 技术[223]。另外，为了提高训练效率，本实验采用批训练的方式，依次随机选取一个批次的数据进行训练，直到模型收敛。所有参数使用网格搜索的方式确定，并列在表 5.3 中①。各项参数含义：d_w 为词汇向量维度；d_p 为位置向量维度；d_r 为关系表示向量维度；k 为关键词汇数目；l 为多头注意力模型中"头"的数目；η 为学习率。

表 5.3   基于句内问答的关系抽取模型实验超参数设置

方法	批大小	d_w	d_p	d_r	k	l	η	dropout 率	L_2 正则
QARE	50	50	10	60	15	2	0.0005	0.1	0.0001
PCNN	50	50	10	230	—	—	0.0005	0.5	0.0001
BGRU	50	50	10	230	—	—	0.0005	0.5	0.0001

5.4.3　实验效果

本节结合实验部分最开始提出的问题，从两方面展示实验效果：① 两个数据集上的整体关系抽取效果；② 两个数据集上训练过程中的资源消耗情况。

两个数据集上的整体关系抽取效果。在数据集 NYT-10 上的效果如图 5.5 所示，QARE 获得了最好的 PR 曲线，这些 PR 曲线很好地说明了 QARE 模型在关系抽取任务上的有效性。同时，本章将 QARE 模型及其他所有比对模型同时应用在更大规模的关系抽取任务中，得到的结果如图 5.6 所示。综合两个数据集上的实验结果，我们得出如下结论：① STPRE 模型在更大的数据集 NYT-18 上获得了最差的结果，因为依据依存解析树裁剪的短句损失了太多的信息，裁剪句子所依赖的模式也太过有限，无法覆盖到大量的关系。因此在数据集 NYT-10 上表现较好的 STPRE 模型在数据集 NYT-18 上的效果急剧下降。② PCNN+SL 在高置信度（即低召回率）的区域效果尚可，但是在低置信度区域（即高召回率）效果急剧下降。该现象缘于 PCNN+SL 的模型过于依赖标签生成器的效果，而标签生成器又是通过同样的数据训练的，因此整个关系抽取过程非常易于收敛在局部最小值。③ 基于 RNN 模型在大规模关系抽取的任务上表现优于基于 CNN 模型。④ 无论在较小的数据集 NYT-10 上还是在包括大量关系的数据集 NYT-18 上，QARE 模型的关系抽取效果最好。

两个数据集上训练过程中的资源消耗情况。为了进一步量化地说明 QARE、PCNN 和 BGRU 三种基础神经网络模型在关系抽取上的效果及效率，本章比较了在两个数据集的测试集合中置信度最高的 N 个预测的精确率（P@N），并计算了训练时间和显存消耗。本章分别比较了集合最大值的多实例学习算法

---

① 对比模型的参数设置全部参照经验设置。

（ONE）[①]和基于注意力的多实例学习算法（ATT）[②]。对于数据集 NYT-10，P@N 选取前 100 个、200 个和 300 个预测；对于数据集 NYT-18，P@N 选取前 1 万个、2 万个和 3 万个预测。最终结果如表 5.4[③] 所示，无论集成 ONE 还是 ATT 算法，基于 BGRU 模型的效果都要优于基于 PCNN 模型的效果。基于 QARE 的模型在两个数据集上都明显优于 PCNN 模型/BGRU 模型的结果，说明 QARE 模型是更加有效的关系抽取模型，尤其在大规模关系抽取场景中。

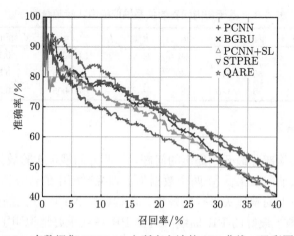

图 5.5   在数据集 NYT-10 上所有方法的 PR 曲线（见彩图）

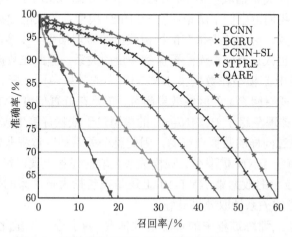

图 5.6   在数据集 NYT-18 上所有方法的 PR 曲线

[①] 该方法以句袋的数据组织训练关系抽取模型，每个句袋里只选置信度最高的实例。
[②] 该方法以句袋的数据组织训练关系抽取模型，每个句袋里的句子分别赋予不同的注意力权重。
[③] 带有 † 标志的方法表示本章重现的结果优于经验结果。

同时，本章使用训练中时间和显存的消耗来衡量 QARE 模型的效率，结果参见表 5.4。① CNN 模型的训练速度快于基于 RNN 模型，因为 CNN 模型可以并行训练。② QARE 模型的运行时间快于其他所有模型，因为该模型具有更低的时间复杂度。③ QARE 模型相比于其他模型节约了至少 71% 的显存消耗。综合以上数据及现象，本章可以得出结论——基于句内问答的关系抽取模型在大规模关系抽取任务上既准确又高效。

表 5.4　基于句内问答的关系抽取模型在数据集 NYT-10 和 NYT-18 上的精确率及效率

结果指标	数据集									
	NYT-10					NYT-18				
	P@100	P@200	P@300	时间/min	显存/GB	P@10×10³	P@20×10³	P@30×10³	时间/min	显存/GB
PCNN+ONE[†]	78.0	72.0	67.7	16.2	4.6	81.0	63.5	51.4	75.6	5.3
+ATT[†]	77.0	73.0	70.3	15.8	4.6	82.2	65.6	53.2	78.3	5.3
BGRU+ONE	79.0	75.0	73.0	19.1	4.2	89.4	72.7	58.8	99.8	4.2
+ATT	83.0	77.5	**77.0**	19.5	4.2	88.1	72.4	58.9	85.7	4.2
QARE+ONE	83.0	78.5	75.3	**8.42**	1.2	91.6	74.9	60.0	49.7	1.2
+ATT	**90.0**	**80.5**	76.7	10.0	1.2	91.6	**75.7**	**61.4**	44.2	1.2

5.4.4　案例分析

为了进一步说明基于句内问答的关系抽取模型在挑选重点词汇时的有效性，本章给出了 3 个具体的关系抽取实例中模型识别出来的重点词汇，参见图 5.5，红色字迹为模型自动强调出的重点词汇。从表 5.5 中可以得出两个结论：① QARE 模型挑选出的重点词汇确实包含了大部分关系特征，其他词汇基本可以认为是关系提取任务中的噪声词汇；② 挑选出的重点词汇离散地分布在整个句子中，很难用统一的、有限的句法模式将这些重点词汇完全切割出来。这也解释了 STPRE 模型为什么在小数据集上表现优秀，在大规模关系抽取数据集上效果极差。

表 5.5　基于句内问答的关系抽取模型挑选句内关键词的实例

He started all three games for the **U.S.** at the **1988 Olympics** in [Seoul], [the Republic of Korea], and was a member of the **U.S. team** that competed in the **1990** FIFA World Cup in **Italy**.
"Users will be able to integrate full video files in the coming **months**", **said** Mr. Mccann, **who** caught the video bug **after a conversation last year with** [Chad Hurley], one of [Youtube]'s **founders**.
The university of **Ibadan in southwest** [Nigeria], the **intellectual home of the Nobel Prize-winning writer** [Wole Soyinka] , was **regarded** in **1960** as one of the **best** universities in the **British** Commonwealth.

5.5　本章小结

本章针对传统基于神经网络的关系抽取模型效率较低的问题，介绍了一种高效的关系抽取方法——基于句内问答的关系抽取模型。该模型包括两个主要模块：

基于实体的注意力模型和基于翻译嵌入的关系表示向量计算模型。前者在整句话中以问答的形式检索重要词汇,去掉无关词汇的干扰,并将重要词汇携带的关系特征集成在查询向量中;后者根据两个查询向量,应用翻译嵌入的技术计算关系表示向量。本章在理论上分析出该方法在效率上优于典型的神经关系抽取模型(CNN和 RNN),并最终使用周密的实验证明了基于句内问答的关系抽取模型在保证提升关系抽取精确率的同时大幅地优化了神经关系抽取的效率[①]。

<h1 style="text-align:center">思 考 题</h1>

1. 总结 CNN 模型和 RNN 模型在关系抽取任务上存在效率问题的原因。

2. 了解与对比常见的词向量和位置向量生成方法。

3. 分析其他常见的神经网络特征提取模型(如 BERT 模型等)并比较时间复杂度。

4. 除了采用实际案例分析的方法,思考还有哪些方法能够说明模型挑选重点词汇的有效性。

---

① 本章的工作已经收录于 CCF A 类期刊 *IEEE Transactions on Knowledge and Data Engineering*（*Robust Neural Relation Extraction via Multi-Granularity Noises Reduction*）。

第 6 章　关系抽取模型的鲁棒性增强

为了能够自动化地进行大规模关系抽取，必须摒弃耗时的人工标注数据集，因此远程监督的方法应运而生。远程监督的方法利用知识库里的关系三元组自动化地标注互联网上的语料，形成低成本的大规模关系抽取训练集，并以此实现自动化的大规模关系抽取。然而，通过该种方式自动化构建的数据集通常包含了大量错误标注的数据，近十年来的工作都关注如何降低错误标注的句子对关系抽取结果的影响。本章认为影响远程监督关系抽取模型鲁棒性的噪声不仅仅是错误标注的句子，还包括句内的干扰词、先验知识的缺乏和数据分布不平衡等诸多因素。

因此，本章首次系统地分析远程监督的关系抽取中可能存在的噪声，提出层级噪声模型，设计多级别的抗噪声解决方法，并最终极大地增强基于远程监督的关系抽取的鲁棒性。

6.1　概　　述

远程监督的方法是关系抽取任务向大规模关系抽取应用场景扩展的重要尝试——通过自动化地标注关系抽取数据集以实现大规模关系抽取。然而，通过互联网爬虫获取的文本，以及使用知识库标注的关系标签数据通常都包含大量的噪声。例如，句子"Steve Jobs passed away the day before Apple unveiled iPhone 4S in 2011"及其实体对 [Steve Jobs, Apple] 会被标注为"Founder"关系。然而该句子中的两个实体词并不表示"Founder"关系。诸如此类的错误标记问题大量地存在于自动化构建的数据集中，极大地影响了关系抽取模型的鲁棒性。在过去十年间，大量的工作都关注该错误标注的问题，相关学者提出了诸多解决方法，如多实例学习[180] 和注意力机制[58] 等。然而，使用大规模自动构建的数据集进行关系抽取并不仅仅面临着错误标注的句子，除此之外的其他噪声极少被目前已有的关系抽取工作注意到。例如，从互联网自动爬取的句子通常较为不规范且句子很长，因此同一个句子中包含了大量的干扰关系特征抽取的词汇级别噪声。除了句子级别的噪声、词汇级别的噪声，还有先验知识级别的噪声和数据分布级别的噪声，本章将在 6.2 节系统地分析各个类别的噪声，以及其如何影响关系抽取的鲁棒性。

　　针对各个类别的噪声，本章分别提出了解决方法，并能够不同程度地降低对应噪声对关系抽取模型鲁棒性的影响。最终，本章整合一种多级别降噪的关系抽取方法，极大地提高关系抽取模型的鲁棒性。本章在增强关系抽取鲁棒性方面的具体贡献如下所示。

　　（1）首次系统地建模关系抽取工作面临的各类噪声问题，提出词汇级别噪声、句子级别噪声、先验知识级别噪声和数据分布级别噪声的四层噪声分布体系。

　　（2）针对词汇级别噪声，尝试基于依存语法树的句子剪枝，最终提出更加高效的基于句内问答的关系抽取模型。

　　（3）针对句子级别噪声，提出正则化的多实例学习（regularized multi-instance learning，RMIL）算法，进一步有效地利用错误标注样本训练关系抽取模型。

　　（4）针对先验知识级别噪声，提出基于实体类型的迁移学习（transfer learning，TL），利用词汇类型的先验知识加强关系抽取的鲁棒性。

　　（5）针对数据分布级别噪声，提出自聚焦多任务学习（focal multi-task learning，FM）算法，通过对数量较少的关系实例赋予更多的注意力来实现细粒度的关系抽取。

　　（6）整合多个级别的降噪方法，提出强鲁棒的关系抽取（robust neural relation extraction，RNRE）模型。

6.2   远程监督的噪声分布分析

　　本节将系统地分析基于远程监督方法自动化构建的关系抽取数据集中包含的噪声，详细地分析多级别噪声的分布情况，解释不同级别噪声的产生原因、造成的影响及可能的应对方法，最终从宏观上指导后续章节的多级别抗噪解决方法。通过对以数据集 NYT-10[56] 为代表的关系抽取数据集的细致分析，本节总结四个级别的噪声分布，如图 6.1 所示，分别为词汇级别噪声、句子级别噪声、先验知识级别噪声和数据分布级别噪声。在图中噪声实例中，黄色标注的部分被视为噪声产生的原因。

　　（1）词汇级别噪声。词汇级别噪声指目标句子中大量与关系特征无关的词汇。这些无关词汇能够影响关系抽取模型的精度。尤其通过远程监督方法构造的数据集，因其互联网上爬取的数据获取方式，通常包含了大量质量较差或者极其复杂的句子[224]。例如，"Meanwhile, these are our recommendations for the four civil court seats that are actually being contested in the upcoming democratic primary in Manhattan and Brooklyn: Manhattan, second district（East Village, Lower East Side, Soho, Noho, Little Italy and part of Greenwich Village and Chinatown）: the field here includes two unusually promising candidates"。该

句子是实体词 [Manhattan，Lower East Side] 的一个关系实例，表示关系"location/location/contains"。通过该关系实例，可以总结出：① 部分关系实例的句子十分不规范，很难用标准的解析语法树或者依存语法树进行语法甚至语义分析；② 句子中包含大量和关系无关的表达，通常关系特征只包含在有限的几个词汇内。图 6.1中词汇级别噪声对应的关系实例更加典型，较短的子句"[Paul Malignaggi], an Italian American from [Brooklyn]"表达了全部的关系特征，而该部分只占了全句的 26.7%。同时，如图 5.1 所示，大量的其他关系实例都只需要有限的几个重点词来推断关系类别。此外，Liu 等[224] 证实了使用依存语法树进行剪枝的较短的句子能够获取更好的关系抽取精度。在数据集 NYT-10 上经裁剪过后的句子长度分布与原始句子长度分布的比较参照图 5.2。剪枝后更有效的关系抽取训练数据中句子长度的分布远远小于原始句子长度分布。本节同样列出了更具体的干扰词汇数据。据其统计，在数据集 NYT-10 中，平均每句话至少包含 12 个与关系特征无关的干扰词，并且超过 99.4% 的句子包含噪声词汇。根据观察以上实例及已经发表的研究成果，本章得出结论：词汇级别的噪声广泛地存在于自动化构建的关系抽取数据集中，同时对关系抽取的精度有着较大的影响。针对词汇级别的噪声，本章拟通过语法剪枝和句内问答的方式实现降噪，进而提升关系抽取模型的鲁棒性。

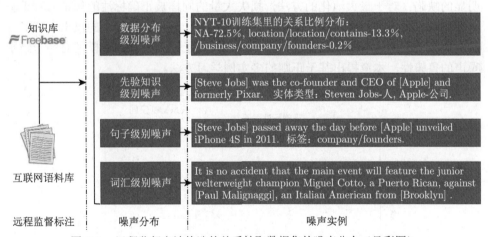

图 6.1 远程监督方法构造的关系抽取数据集的噪声分布（见彩图）

（2）句子级别噪声。句子级别的噪声指自动构建的关系抽取数据集中大量错误标注的关系实例。例如，句子"Steve Jobs passed away the day before Apple unveiled iPhone 4S in 2011"中的实体对 [Steve Jobs, Apple] 并不表示"Founder"关系，但依然会被标为"Founder"关系。实际上，自从远程监督的关系抽取方法被提出以来，该问题即被认为是远程监督关系抽取的核心问题[57,180]，诸多解决方案被相继提出，如多实例学习、强化学习①等。其中多实例学习的相关解决方法是直接处理句子级别噪声的方法，本章也以此为例介绍现有的句子级别噪声的抗噪解决方法及其缺陷。多实例学习通过给句袋打标签代替给句子打标签，即一个句袋中若干句子的标签均为同一个关系类别。因此，模型设计者有更多的空间选择句袋中合适的句子进行对应关系的表达，比较典型的方法有最大池化[180]和基于注意力权重的加和[58]。两种方法都是在关系特征空间中，为句袋内的句子选择一个合适的特征表示向量来表示句袋的标签关系，其示意图如图 6.2 所示。图 6.2表示关系特征空间，不同的符号表示不同关系类型的实例。因为相同的关系具有类似的特征，所以在关系特征空间中相同关系的实例距离较近而不同关系的实例距离较远。在图 6.2 中，最大池化的方法通过选择句袋中最可能的句子来表示整个句袋的关系特征；而基于注意力权重的加和方法则计算句袋中每个句子对于对应关系的注意力权重之和，高置信度的句子给予较大的权重，低置信度的句子给予较小的权重，最终句袋的关系表达是其袋内所有句子的表示向量协同其注意力的带权求和，即一个虚拟的关系表示向量。多实例学习解决方法的结构图如图 6.3所示，首先通过关系抽取模型（CNN 模型或者 RNN 模型）对句袋中的每个句子进行关系编码，得到关系表示向量；其次，通过最大池化或者基于注意力权重的加和的方法计算整个句袋的关系表示向量。此类的多实例学习解决的方法都存在明显的缺陷：对于最大池化的方法，损失大量的同样被正确标注的句子；对于基于注意力权重的加和的方法，即便错误标注的句子获得一个较小的权重，它们依然对关系抽取的过程起到负面的作用。因此，为了提高关系抽取模型对句子级别噪声的鲁棒性，本章提出基于正则的多实例学习方法。

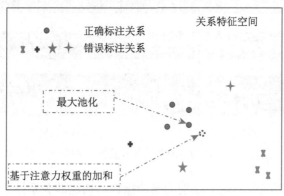

图 6.2   多实例学习解决方法的示意图

---

① 通过强化学习的方法挑选训练集是近年来解决错误标注问题的新方法[188,189]，然而该方法具有较高的计算复杂度，因此本章不集成类似方法。同时，该方法通常能够和现有关系抽取模型相结合，包括本章提出的关系抽取模型。

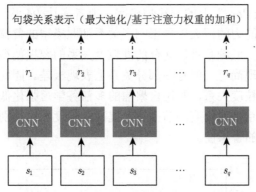

图 6.3　多实例学习解决方法的结构图

（3）先验知识级别噪声。先验知识级别噪声指由于先验知识的缺乏而带来的噪声。众所周知，在关系抽取任务中，如果已知实体类别，那么可以极大地缩减关系抽取的解空间，使得关系抽取结果更精确。如图 6.1 所示，考虑句子 "Steve Jobs was the co-founder and CEO of Apple and formerly Pixar"，如果已知 Steve Jobs 的实体类别是人、Apple 的实体类别是公司，那么关系类别 company/founders 将很容易被推断出来。因此，先验知识的缺失会造成关系抽取模型鲁棒性的下降，本章针对该噪声问题提出基于实体类型信息的迁移学习解决方法。

（4）数据分布级别噪声。数据分布噪声指由数据集中所有关系类别的分布不均而导致关系抽取模型鲁棒性下降的噪声。数据分布不平衡的问题是数据挖掘领域的经典问题，该现象会使得分类模型存在很严重的偏向性，导致高频关系精确率较高，低频关系精确率较差[229,230]。

以远程监督的关系抽取工作中广泛应用的数据集 NYT-10 为例，该数据集一共包含 53 个关系（52 个常规关系和一个 NA）。通过对所有关系所涉及的样例进行统计并将其所占百分比按降序排列，可以得到图 6.4。

从图 6.4 中可以看出，在所有 52 个常规关系中，最高频的关系（/location/location/contain）占比为 13.3%，远高于其他关系。除了最高频的关系，其他关系所占的比例全部低于 2.01%。更值得关注的是，有 42 个关系的百分比全部低于 0.19%，是最高频关系所占比例的 1/70。这充分地表明了远程监督关系抽取任务的数据集不平衡问题。不同关系在整个训练集上巨大的数量差异使得关系抽取模型对于关系判断上会有倾向地给出风险更低的预测。通常这一现象会反映在损失函数的计算上。由于高频关系的预测效果提升一点会明显地反映在损失函数的值上，而低频关系的错误判断并没有给模型带来足够的惩罚，因此模型倾向于优先保证高频关系的准确预测。本节以典型的关系抽取模型 PCNN[180] 为例，分别计算了该模型在高频关系 "/location/location/contains" 和低频关系 "/business/company/founders" 上的预测精确率, 前者高达 94.3%, 后者仅有 36.1%。在不同关系上预测能力的巨大差异影响了关系抽取模型的鲁棒性, 尤其在细粒度关系抽取的场景中。低频和难以区分的细粒度关系的忽视使得关系抽取模型虽然在整个数据集上表现尚可, 但是在部分关系上表现极差。因此, 本节拟专注于低频和难以区分的细粒度关系, 利用自聚焦的多任务学习强化低频关系特征。该方法在不损失整体关系抽取精度的前提下, 提高细粒度关系类别的预测精度, 进而增强关系抽取模型的鲁棒性。

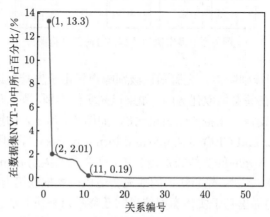

图 6.4   数据集 NYT-10 中关系涉及的样例百分比 (不包括 NA)

6.3   词汇级别噪声解决方法

词汇级别噪声的来源是长句子或者不规范句子中大量无关词汇, 因此词汇级别噪声的解决方法非常直接——去除无关词汇, 强调和关系特征有关的重要词汇。本节提供两种解决方法: ① 利用语法树进行剪枝, 获取尽可能多的关系相关词汇, 以及尽可能少的无关词汇; ② 设计新的神经网络模型, 自动地挑选关系相关词汇。对于方法①, 前人工作中也不乏使用依存解析树进行句子剪枝后实现关系特征抽取的工作[225,231]。然而, 以上利用最短依存路径 (shortest dependency path, SDP) 的解决方法并不适用于高噪声的自动化标注数据集。因此本节加强了该方法, 目的是能够在句子剪枝的同时集成更多的语言学信息。本节提出基于子树解析 (sub-tree parse, STP) 的关系抽取解决方法, 其架构图如图 6.5 所示。除去词汇向量和位置向量为主的预训练输入层, 该架构图还包括 3 个层次, 分别是子树解析层、句子编码层和关系表示层。子树解析层以语法解析树上两个实体节点的最近公共父节点为根节点, 截取子树作为句子编码层的输入。如图 6.5 所示, 对于原句 "In 1990, he lived in Shanghai, China" 及实体词 [Shanghai, China], STP

模型将截取子树 "in Shanghai, China"。显而易见，该子树包含了所有需要提取关系特征的词汇。通过以上例子可以看出，相较于传统的 SDP 模型，STP 模型保留了重要的介词 "in"，使得关系抽取模型能够更好地判断两个地点名词之间的关系。在 STP 模型裁剪的短句基础上，基于 STP 的关系抽取（STP-based relation extraction，STPRE）模型应用双向门循环单元并集成注意力机制，使得模型能够更好地从短句中提取关系特征，最终形成关系表示向量 r。综上所述，STPRE 模型能够删减大量的无关词汇，并强调出对关系抽取更有意义的词汇，因此该模型是解决词汇级别噪声并加强关系抽取模型鲁棒性的有效手段。

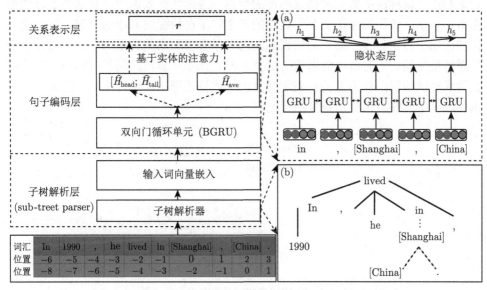

图 6.5　基于语法树剪枝的词汇级别降噪解决方法的架构图

STPRE 模型能够很好地提取关系特征，但是该模型有重要的缺陷——很难扩展到大规模关系抽取的场景。因为使用 STP 模型进行句子裁剪的方法受限于构造 STP 模型的语法规则，对于有限种关系类型的关系抽取场景，很容易拟合出合适的语法规则来构造子树。然而，当关系种类极速扩大时，单一的子树构造语法规则无法涵盖多种关系类型对于关键词汇的需求。因此，为了打破语法规则的约束，本节设计与传统 CNN 模型和 RNN 模型截然不同的新型神经网络框架，提出基于句内问答的关系抽取模型，详见 5.3 节。STPRE 模型进一步强化了关系抽取相关词汇的提取方法，并使用基于实体的注意力模型简洁地检索关系特征，达到了高效而准确的关系抽取目的，最终通过缓解词汇级别噪声对于关系抽取的影响，增强关系抽取模型的鲁棒性。

6.4　句子级别噪声解决方法

句子级别的噪声是基于远程监督的关系抽取模型面临的常规问题，截至目前业内有大量的解决方法，包括多实例学习[58,180] 和强化学习[188,189] 等。强化学习的诸多方法能够在训练集中选择正确标注的句子使用，但是有消耗太多资源的缺陷，并且损失了大量的错误标注实例携带的有价值信息。传统的多实例学习的方法同样存在着无法有效地利用错误标注句子所携带信息的问题，因此本节提出正则化多实例学习（regularized multi-instance learning，RMIL）算法，同时有效地利用正确标注的数据和错误标注的数据。正则化多实例学习算法的示意图如图 6.6 所示，该图描述了一个句袋中的多个句子在特征空间中的分布，其中正确标注的句子将聚集在一起，而错误标注的句子会以不同的关系为中心散布在整个关系特征空间。受对抗训练思想的启发[21,22]，RMIL 算法为句袋中错误标注的句子生成对抗偏置，作为其关系表示向量的一致性正则项。通过添加对抗偏置，关系抽取模型能够给出更加稳定的预测。

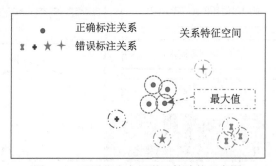

图 6.6　正则化多实例学习算法的示意图

正则化多实例学习算法将每个句袋划分为两个部分：正确标注的句子和错误标注的句子，继而利用正确标注的句子计算交叉熵损失函数，利用错误标注的句子计算一致性正则项。如图 6.7 所示，句袋 B 内的所有句子 $\{s_1, s_2, \cdots, s_q\}$ 分别经过句子编码器[①]获取句子的表示向量 $\{r_1, r_2, \cdots, r_q\}$。经过样本划分（算法 6.1），句袋中的样本将被划分为正确标注样本和错误标注样本。在算法 6.1 中距离的计算方式既可以使用欧氏距离也可以使用 KL 距离，阈值参数 ρ 是超参数。欧氏距离比较直观，本章将不再详述，下面将详细介绍 KL 距离及训练过程中为错误标注样本添加的对抗偏执。

---

① 句子编码器可以是任意关系抽取模型，如 CNN 模型或者 QARE 模型等。

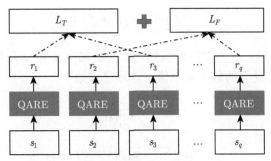

图 6.7 正则化多实例学习算法的结构图

算法 6.1 正则化的多实例学习中样本划分算法

Require: 句袋 $B = \{s_1, s_2, \cdots, s_q\}$ 及句袋内的关系表示向量 $\{r_1, r_2, \cdots, r_q\}$，
　　阈值 ω

Ensure: 句袋内正确标注句子构成的矩阵 V

1: 选择置信度最高的句子实例 s^* 到 V

2: 计算 $[B - V]$ 到 V 的最短距离 D

3: **for** 若存在 $d_i < \rho$ **do**

4: 　　将 s_i 添加到 V

5: 　　更新距离矩阵 D

6: **end for**

（1）KL 距离。KL 距离来自于 KL 散度（Kullback-Leibler divergence）的概念，而 KL 散度可以很好地衡量分布之间的差别。通过关系抽取模型获得关系表示向量 r，经 softmax 方法后可将该表示向量归一化为分布。因此，利用不同句子得到关系特征分布的差异来衡量不同句子在关系特征空间的距离是合理且有效的方式。KL 的计算方式如下：给定两个句子的关系表示向量 $r_a \in \mathbf{R}^{d_r}$ 和 $r_b \in \mathbf{R}^{d_r}$，首先将其转为概率分布：

$$p_{r_a} = \mathrm{softmax}(r_a) \tag{6.4.1}$$

$$p_{r_b} = \mathrm{softmax}(r_b) \tag{6.4.2}$$

继而使用 KL 散度来衡量 r_b 到 r_a 的距离：

$$\mathrm{KL}(r_a, r_b) = \log_2(p_{r_a}) \log_2(p_{r_a}/p_{r_b}) \tag{6.4.3}$$

（2）对抗偏执。错误标注样本的对抗偏执计算公式如下：

$$\mathrm{CE} = -p(y|r; \hat{\theta}) \log_2 p(y|r + \omega; \theta) \tag{6.4.4}$$

$$\omega = \underset{\omega, ||\omega \leqslant \psi||}{\arg\min} \log_2 p(y|r + \omega; \hat{\theta}) \qquad (6.4.5)$$

式中，CE 为交叉熵；ω 为对抗偏执阈值。对抗偏执阈值 ω 是使得最终关系抽取模型效果最好的前提下的最大噪声值，计算公式如下：

$$\omega = -\psi \frac{g}{||g||_2} \qquad (6.4.6)$$

$$g = \nabla_x \log_2 p(y|x; \hat{\theta}) \qquad (6.4.7)$$

式中，ψ 为超参数。对抗偏执阈值的计算方法为：损失函数最大梯度方向上的噪声是最大对抗噪声[21]。

基于算法 6.1 对于正确标注样本和错误标注样本的划分，利用 RMIL 算法进一步计算整个句袋的损失函数。其中正确标注的句子将和句袋标签一起计算交叉熵（L_T），错误标注的句子被用来计算一致性正则项（L_F）。最终的损失函数计算公式如下：

$$J(\theta) = -\frac{1}{T} \sum_{i=1}^{T} \log_2 p(y_i|r_i; \theta) - \frac{\beta}{nF} \sum_{j=1}^{F} \sum_{u=1}^{n} p(y_u|r_j; \hat{\theta}) \log_2 p(y_u|r_j + \omega; \theta) \quad (6.4.8)$$

式中，T 和 F 分别为正确标注和错误标注的句子实例；n 为关系数目；$\hat{\theta}$ 为当前迭代中所有参数的副本，不参与本次迭代梯度的计算；ω 为偏执项目（随机偏执或者对抗偏执）；β 为两项系数调节参数。式 (6.4.8) 中，等号右边第二项即为一致性正则项，目的是使最终的关系抽取模型对于是否携带噪声的关系表示的预测具有一致性的结果。通过 RMIL 算法，可以真正实现同时利用正确标注的句子和错误标注的句子来获取更好的关系抽取效果，进而减弱句子级别噪声对关系抽取模型鲁棒性的影响。

6.5   先验知识级别噪声解决方法

面对先验知识的缺乏导致的噪声，本节拟使用迁移学习[11] 的方法隐式补充先验知识。传统的基于神经网络的关系抽取模型都使用随机初始化的参数，该种方式会使得先验知识完全无法应用，并且很难在充满噪声的数据集里面进行有效的调参。因此，本节利用迁移学习的方法从相关的辅助任务中学习先验知识，并将其应用到网络参数初始化的过程中。根据迁移学习理论的要求，辅助任务的相关性越高，学习到的先验知识越有效。因此，本章使用实体类型的预测作为初始化网络参数的辅助任务。实体类型可以为关系抽取提供充足的背景知识，例如，在句子 "[Steve Jobs] was the co-founder and CEO of [Apple] and formerly Pixar"

中，如果已知 Steve Jobs 是一个人并且 Apple 是一个公司，那么将极大地缩小关系抽取的解空间，更容易做出正确的关系判断。因此，本章以实体类型预测任务为辅助的源任务，并通过该任务初始化关系抽取模型的参数。关系抽取任务和实体类型预测任务共享底层的神经网络单元，只是在最终任务判断上选择不同的隐状态。在通常的关系抽取模型中，如 RNN 模型，用于实体类型判断的表示向量即为实体词汇对应的隐状态。以基于 RNN 模型的关系抽取为例，基于迁移学习的先验知识级别降噪解决方法的架构图见图 6.8[①]。

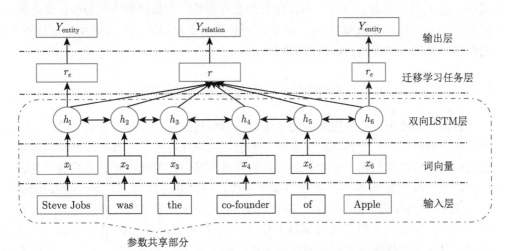

图 6.8　基于迁移学习的先验知识级别降噪解决方法的架构图

迁移学习任务层学习到的实体表示向量 r_e 被用于实体类型的预测，该任务为迁移学习里的源任务。通过该任务的训练，可以初始化关系抽取模型的参数。实体类型的似然概率使用如下公式计算：

$$\hat{p}^i = \text{softmax}(W_i r_i + b_i)$$
$$i \in \{\text{head}, \text{tail}\}$$
(6.5.1)

式中，[head, tail] 分别为头实体和尾实体；W_i 和 b_i 为实体类型映射需要的参数；$\hat{p}^i \in \mathbf{R}^{n_i}$ 为实体类型的似然概率，其中 n_i 是对应头实体或者尾实体类型的数目。辅助实体类型预测任务中，一个实例的损失函数的计算公式如下：

$$J_e(\theta_0, \theta_{\text{head}}, \theta_{\text{tail}}) = \sum_i \left(-\frac{1}{n_i}\lambda_i \sum_{j=1}^{n_i} y_j^i \log_2(\hat{p}_j^i) \right), \quad i \in \{\text{head}, \text{tail}\} \quad (6.5.2)$$

---

① 如果关系抽取模型为 QARE，那么实体表示向量为 q_1^2, q_2^2。

式中，λ_i 为对应任务的权重；θ_0 为共享的参数；θ_{head} 和 θ_{tail} 分别为两个实体类型预测任务中私有的参数；$y^i \in \mathbf{R}^{n_i}$ 为标准实体类型信息的表示。

基于源任务的充分训练，关系抽取模型可以使用先验知识初始化共享参数 θ_0。假设源任务和目标任务（关系抽取任务）所有的参数为 θ，包括 θ_0、θ_r、θ_{head} 和 θ_{tail}，它们的关系可以表示为

$$\theta = \theta_0 \cup \theta_{\text{head}} \cup \theta_{\text{tail}} \cup \theta_r \tag{6.5.3}$$

式中，θ_0 为共享参数，其他为不同任务的私有参数。在最终训练过程中，首先使得源任务最优化，获取参数 $\hat{\theta}_0$，继而以该参数初始化目标任务（关系抽取任务）的网络，并进一步训练目标任务的网络。

6.6　数据分布级别噪声解决方法

数据分布噪声产生的原因是关系实例在训练数据集中分布不平衡。其主要影响是在个别低频关系上预测效果极差。考虑到对细粒度的关系抽取精度有特殊要求的应用场景，本节提出一种行之有效的应对策略，使得细粒度的关系抽取能够更加准确。针对数据不平衡带来的噪声干扰，可以通过两种方式进行抗噪训练：① 使用自聚焦损失（focal loss）函数；② 应用多任务学习来辅助提高低频关系的精确率。因此，本节提出自聚焦多任务学习（focal multi-task learning，FM）算法。自聚焦多任务学习算法同样主要包括两个部分：多任务学习和自聚焦损失函数。

（1）多任务学习。多任务学习能够让相关任务同时训练，达到增强所有任务的目的。本节设计三个相关任务：头实体类型预测、尾实体类型预测和关系抽取。以上三个任务高度相关，且能够共享大量的神经网络底层参数。在提高关系抽取精度的任务中，实体类型预测可被视作辅助任务，而关系抽取为主任务。主任务能够在辅助任务训练过程中学习到实体类型信息，因此主任务的效果也能得到加强。本质上，关系抽取任务在剥离不同关系特征的过程中增加了关系间的距离，而实体类型预测的任务在抽取实体类型特征时减少同种关系特征的范围。同时，从辅助任务中学到的知识能够解决部分关系实例不足的数据不平衡问题。三个任务的预测似然概率分别是

$$\begin{cases} \hat{p}^{(m)} = \text{softmax}(W^{(m)} h^{(m)} + b^{(m)}) \\ m \in \{\text{head, tail, relation}\} \end{cases} \tag{6.6.1}$$

式中，$\hat{p}^{(m)}$ 为任务 m 预测结果的似然概率；$W^{(m)}$ 和 $b^{(m)}$ 为训练参数。$h^{(m)}$ 表示关系/实体类型的表示向量，在不同模型里可以是不同的表达。

（2）自聚焦损失函数。为了进一步聚焦在低频关系上，本章在多任务学习的基础上集成了自聚焦损失函数[232]。自聚焦损失函数在训练过程中动态地为难以准确预测的实例分配更多的权重，同时为较容易预测的实例分配较低的权重。本章将其应用在关系抽取任务上，给予较容易区分的高频关系较低权重，较难区分的低频关系则被赋予较高的权重。应用自聚焦损失函数的结果是模型对于难以区分的关系实例更加敏感，在该类关系实例上微小的性能变化会被放大，并最终体现在自聚焦损失函数上的波动。多任务学习中的联合自聚焦损失函数计算公式为

$$\phi = \sum_{i \in m} \lambda_i J(\hat{p^i}, y^i, \theta^i)$$

$$m = \{\text{head}, \text{tail}, \text{relation}\}$$

(6.6.2)

$$J(\hat{p}, y, \theta) = -\frac{1}{n} \sum_{j=1}^{n} \kappa(1 - \hat{p}_j)^\gamma y_j \log_2(\hat{p}_j)$$

(6.6.3)

式中，λ_i 为和为 1 的任务权重（超参数）；θ^i 为对应任务的学习参数；$J(\hat{p}, y, \theta)$ 为各个任务的损失函数；$y \in \mathbf{R}^n$ 为实际标签；$\hat{p} \in \mathbf{R}^n$ 为候选预测结果的似然概率；n 为预测结果类别；κ 和 γ 为自聚焦损失函数的超参数。由以上公式可以看出，具有高置信度的关系实例对最终的损失函数值影响较小。相反，低置信度的关系实例（就是关系分类器也不确定的关系实例）对最终损失函数值影响较大，会被模型较为精细地调节。同时，联合自聚焦损失函数 ϕ 中，不仅仅是同一个任务的不同实例的权重得到了动态调节，不同任务在最终损失函数中的影响也得到了隐式调节。最终，基于自聚焦多任务学习，本章能够减弱数据分布不平衡的影响，在细粒度关系抽取的场景下效果明显。

6.7 多级别噪声协同解决方法

本章使用多级别的抗噪声解决方法以同时减轻多级别噪声对关系抽取模型鲁棒性的影响。四个类别的噪声中，数据分布噪声的解决方法通常针对特殊场景，其达到的效果是在不损失整体关系抽取效果的前提下，大幅度地提高低频关系的精确率，因此数据分布噪声的解决方法不在整体的多级别降噪解决方法之内。本章提出的其他三个级别噪声的解决方法分别处于关系抽取问题的不同层面，多级别抗噪方法集成在一起形成统一的多级别噪声协同解决方法，如图 6.9 所示。其中，基于句内问答的关系抽取（QARE）模型作为编码器对句子进行编码得到对应的关系表示向量；正则化的多实例学习（RMIL）算法以句袋的方式处理多个关系表示向量，达到句子级别的降噪的目的；最终基于实体类型的迁移学习（TL）提供

了整个模型的参数初始化方法。结合以上解决不同层面问题的三个方法，本章提出鲁棒的神经关系抽取（robust neural relation extraction，RNRE）模型。具体的工作流如下所示。

（1）基于句内问答的关系抽取模型。给定句子实例 s^* 和两个实体词 $[e_1, e_2]$，QARE 通过提取重点词汇和关键特征，将其编码为关系表示向量。相比于传统的 CNN 模型和 RNN 模型而言，QARE 模型在降低词汇级别的噪声干扰的同时极大地提高了效率。

（2）正则化的多实例学习算法。给定一个句袋的所有句子实例 B^* 和两个实体词 $[e_1, e_2]$，RMIL 算法将句袋内的正确标注的句子实例和错误标注的句子实例分离开，利用正确标注的句子计算交叉熵损失函数，利用错误标注的句子计算一致性正则值，使得两类句子都得到充分利用，最终极大地缓解了句子级别噪声对关系抽取模型的干扰。

（3）基于实体类型的迁移学习。处理完词汇级别的噪声和句子级别的噪声后，TL 利用在相关实体预测任务中学习到的先验知识初始化关系抽取模型的参数。该方法能够缓解先验知识缺乏对于关系抽取模型鲁棒性的影响。

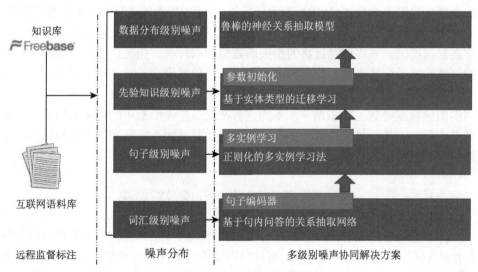

图 6.9   多级别噪声协同解决方法的架构图

6.8   实   验

本节使用基于远程监督的关系抽取工作中广泛应用的数据集和评价指标，依次评估了诸多降噪方法的有效性，并最终给出基于多级别噪声协同解决方法的鲁棒神经关系抽取模型的效果。

6.8.1 数据集及评价指标

（1）数据集。为了和其他基于神经网络的关系抽取模型进行公平的比较，并进一步验证更大规模关系抽取应用场景下的抗噪效果。本节选取常用关系抽取数据集 NYT-10[56]，并构建了比数据集 NYT-10 大一个数量级的数据集 NYT-18。数据集 NYT-10 是通过将 Freebase 里面的关系条目与《纽约时报》的新闻报道文本进行关联，自动化构建的大规模多标签数据集。在前人的工作中，2005 年和 2006 年纽约时报的文本被当作训练集，而 2007 年纽约日报的文本被当作测试集。数据集 NYT-18 爬取了《纽约时报》近十年的新闻数据（2008～2017），使用知识库 Freebase 和斯坦福命名实体识别工具[228] 进行自动化标注。最终所有数据按照关系的分布等分成 5 个部分，进行 5-folder 的交叉验证。鲁棒神经关系抽取相关实验数据集如表 6.1 所示。

表 6.1 鲁棒神经关系抽取相关实验数据集

数据集	训练集/万字		测试集/万字		关系数
	句子数	实体对数	句子数	实体对数	
NYT-10	52.3	28.1	17.2	9.7	53
NYT-18	244.6	123.4	61.1	39.4	503

（2）评价指标。本章采用自动化测评。自动化测评对模型输出的结果和知识库中的关系条目进行对比，近似估计关系抽取模型的准确性。具体到指标上，自动化测评方法使用 PR 曲线和置信度最高的 N 个预测（P@N）来衡量关系抽取模型的效果。PR 曲线是精确率和召回率曲线，以召回率作为横坐标轴，精确率作为纵坐标轴。根据不同置信度下的精确率和召回率的值来描线。P@N 是指测算置信度最高的 N 个预测结果的精确率。同时，为了准确地衡量多实例学习的效果，本章设计三类测试设置 One、Two 和 All。One 表示每个句袋随机保留一个句子；Two 表示每个句袋随机保留两个不同的句子；All 表示每个句袋至少保留两个句子。

6.8.2 词汇级别降噪相关实验

本节介绍词汇级别降噪相关实验，由于基于句内问答的关系抽取模型的效果在 5.4 节已经有详细说明，本节不再详细说明。图 6.10 和图 6.11 展示两种词汇级别降噪方法在数据集 NYT-10 上的效果。图中涉及的对比方法均为典型的神经关系抽取模型。

（1）基于 CNN 模型的关系抽取（PCNN）通过最大池化的方法聚集卷积神经网络提取的关系底层特征[58,180]。

（2）基于 RNN 模型的关系抽取（BGRU）通过对不同的隐状态添加注意力的方法聚集 RNN 模型提取的关系底层特征[54]。

（3）基于自生成标签的关系抽取（PCNN+SL）在 PCNN 方法的基础上集成了软标签生成模块，将训练数据的标签替换成动态生成的软件标签[187]。

（4）基于 RNN 模型和最短依赖路径（BGRU+SDP）在 BGRU 方法的基础上集成了最短依赖路径剪枝方法。

（5）基于 RNN 模型和子树解析方法（BGRU+STP）在 BGRU 方法的基础上集成了子树解析剪枝方法。

（6）基于依存语法树剪枝的关系抽取（STPRE）在依存语法树对原始输入句子进行剪枝的基础上集成了基于实体类型的迁移学习解决方法[224]。

（7）基于句内问答模型的关系抽取（QARE）应用句内问答模型抽取关系。

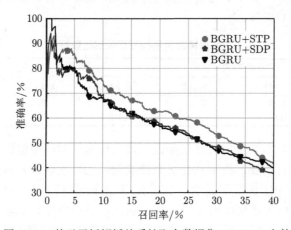

图 6.10   基于子树解析关系抽取在数据集 NYT-10 上的效果

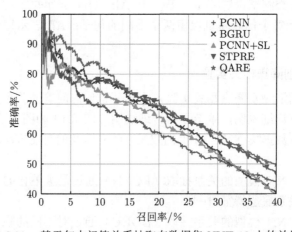

图 6.11   基于句内问答关系抽取在数据集 NYT-10 上的效果

通过图 6.10 可以看出，基于子树解析剪枝的方法能够提升原始关系提取（BGRU）模型的效果，并且明显优于传统的最短路径依赖的剪枝方法。图 6.11 则说明了基于句内问答的关系抽取（QARE）模型获得了最好的关系抽取效果，因而其在词汇级别的降噪上效果最好。

6.8.3　句子级别降噪相关实验

本节介绍句子级别降噪的方法正则化多实例学习（RMIL）方法的效果，分三个主要部分：对比方法、参数设置和实验效果。

（1）对比方法。本节采用了 6 个方法来比较说明 RMIL 的效果：

① 基于 RNN 和最大池化多实例学习（PCNN+ONE）通过最大池化的方法聚集 RNN 提取的关系底层特征[180]。

② 基于 RNN 和带注意力多实例学习（PCNN+ATT）通过注意力加权的方法聚集 RNN 提取的关系底层特征[58]。

③ 基于 RNN 和正则化多实例学习（PCNN+RMIL）通过正则化多实例学习的方法聚集 RNN 提取的关系底层特征。

④ 基于句内问题的关系抽取和最大池化多实例学习（QARE+ONE）通过最大池化的方法聚集句内问答模型提取的关系底层特征。

⑤ 基于句内问题的关系抽取和带注意力多实例学习（QARE+ATT）通过注意力加权的方法聚集句内问答模型提取的关系底层特征。

⑥ 基于句内问题的关系抽取和正则化多实例学习（QARE+RMIL）通过正则化多实例学习的方法聚集句内问答模型提取的关系底层特征。

（2）参数设置。正则化多实例学习算法需要设置的超参数有三个：距离阈值 ρ、对抗偏执生成参数 ψ 和调节参数 β。其他参数均与其集成的关系抽取模型相同即可。该三个参数经过网格搜索后可以确定在本实验中的取值为 $\rho = 0.01$，$\psi = 0.1$，$\beta = 0.3$。

（3）实验效果。首先表 6.2①展示了 RMIL 在数据集 NYT-10 上的整体效果。从表 6.2 中可以看出：① 基于注意力权重加和的多实例学习算法效果优于基于最大池化的多实例学习算法；② 正则化多实例学习算法是最好的多实例学习算法；③ 正则化多实例学习算法不依赖于关系抽取模型，无论是和 PCNN 还是 QARE 集成，都能够获得明显的精确率提升。

其次，本节验证了在式 (6.4.8) 中作为正则项的错误标注样本是否对结果有正面的作用。理论上，如果去掉通过错误标注样本计算的正则项，RMIL 将失去错误标注样本提供的信息。表 6.3 分别展示了 PCNN+RMIL 和 QARE+RMIL 及其去掉错误标注样本的效果，从表中可以观察到：① 使用错误标注样本的方法

---

① 带有†标记的方法表示本章重新实现其方法后，获得的结果优于原论文中汇报的结果。

优于同方法去掉错误标注样本的情况，尤其在实验设置 Two 和 All 上对比效果明显；② QARE 模型在各种情况下都优于 PCNN 模型，无论有没有错误标注样本。

表 6.2　正则化多实例学习在数据集 NYT-10 上的实验效果

实验设置	One				Two				All			
P@N/%	100	200	300	均值	100	200	300	均值	100	200	300	均值
PCNN+ONE[†]	72.0	68.0	59.3	66.4	79.0	69.0	63.7	70.6	77.0	71.0	66.0	71.3
PCNN+ATT[†]	83.0	70.0	62.3	71.8	81.0	72.5	65.0	72.8	83.0	77.0	69.0	76.3
PCNN+RMIL	82.0	71.0	63.0	72.0	84.0	78.0	70.3	77.4	86.0	76.5	72.0	78.1
QARE+ONE	86.0	72.5	67.0	75.2	85.0	74.5	68.0	75.8	85.0	75.5	70.0	76.8
QARE+ATT	84.0	75.0	67.3	75.4	86.0	77.0	70.0	77.7	86.0	81.0	73.7	80.2
QARE+RMIL	87.0	77.0	67.6	77.2	90.0	81.0	71.3	80.8	89.0	83.0	75.0	82.3

表 6.3　正则化多实例学习中错误标注样本的效果

实验设置	One				Two				All			
P@N/%	100	200	300	均值	100	200	300	均值	100	200	300	均值
PCNN+RMIL	82.0	71.0	63.0	72.0	84.0	78.0	70.3	77.4	86.0	76.5	72.0	78.1
去掉错误标注样本	80.0	71.5	64.7	72.1	79.0	75.0	70.3	74.8	81.0	78.5	71.3	76.9
QARE+RMIL	87.0	77.0	67.6	77.2	90.0	81.0	71.3	80.8	89.0	83.0	75.0	82.3
去掉错误标注样本	84.0	77.5	69.7	77.1	85.0	80.0	71.3	78.8	86.0	79.0	72.0	79.0

然后，本节测评了随机偏执和对抗偏执两种偏执生成方式的效果差别。表 6.4 给出了最终的分拆实验结果：无论 RMIL 集成卷积神经网络还是基于句内问答的关系抽取模型，随机偏执和对抗偏执在关系抽取任务上都取得了较为接近的结果。

表 6.4　正则化多实例学习中随机偏执和对抗偏执生成方法的效果比较

方法	P@100	P@200	P@300	均值
PCNN+RMIL (随机偏执)	86.0	76.5	72.0	78.2
PCNN+RMIL (对抗偏执)	83.0	78.5	73.0	78.2
QARE+RMIL (随机偏执)	89.0	83.0	75.0	82.3
QARE+RMIL (对抗偏执)	89.0	81.0	73.3	81.1

最后，本节给出了正则化多实例学习算法的研究实例，用以说明正则化多实例学习（RMIL）与基于最大池化多实例学习（ONE）和基于注意力的多实例学习（ATT）之间效果的差异。以上三种多实例算法均集成相同的关系抽取底层模型①。三种多实例学习算法的具体实现原理如下：ONE 挑选句袋中最可能的句子实例，忽略其他句子实例；ATT 为句袋中所有句子实例赋予不同的注意力权

① 本组实验使用 PCNN 作为底层关系特征抽取模型。

重；RMIL 将句袋中的句子分为正确标注和错误标注两类，使用正确标注句子计算交叉熵，使用错误标注句子计算一致性正则。表 6.5 展示了三种多实例学习算法的效果，其中"PN"、"DL"、"NA"和"LC"分别表示关系"person/nationality"、"death/location"、"non-relation"和"location/contain"。在三个句袋的处理方面，RMIL 识别出了全部正确标注的句子，而其他两种多实例学习的算法都无法全部识别出正确标注的句子。同时，错误标注的句子被 RMIL 预测为相对应的关系，对于关系模型的训练起到正面的促进作用。

　　基于以上详细分拆实验的结果及真实的研究实例，本章可以得出如下结论：① 相比于传统的多实例学习算法，RMIL 具有更好的效果。因其能够在使用尽可能多正确标注数据的同时，有效地利用大量的错误标注数据，而不是试图降低错误标注数据的影响。② RMIL 具有较好的模型无关性，能够集成不同的句子编码器，如 PCNN 和 QARE。因为，RMIL 算法的输入是句袋中所有句子的关系特征向量，并不关注如何产生这些向量。

表 6.5　多实例学习算法研究实例

关系标签	句袋	权重		
		ONE	ATT	RMIL
PN	S_1: At first glance, [Álvaro García Linera] seems an unlikely vice president for the [Bolivia] of the moment	0	0.998	1
	S_2: Because of an editing error, a profile on Saturday about [Álvaro García Linera], a senior adviser to president Evo Morales of [Bolivia], misstated the month	1	0.001	0 (NA)
	S_3: Vice president [Álvaro García Linera] could not have been more explicit in a fiery speech last week calling on [Bolivia]'s indigenous groups to defend the government	0	0.001	1
DL	S_1: Radcliffe and [Buck O'Neil], a star player and manager with the [Kansas City] monarchs and now chairman of the Blacks Leagues baseball museum in [Kansas City], were often honored as preeminent figures whose playing careers were solely in black baseball	0	0.01	0 (NA)
	S_2: [Buck O'Neil], a star first baseman and manager in the Blacks Leagues, died Friday night in [Kansas City]	1	0.19	1
	S_3: [Buck O'Neil], a star first baseman and manager in the Blacks Leagues, died last night in [Kansas City]	0	0.80	1
NA	S_1: A number of relief agencies who came to [Yogyakarta] more than a month ago to prepare for the eruption quickly diverted their aid to [Bantul], the district hardest hit by the quake	0	0.005	1
	S_2: A mass grave was dug in [Bantul] for unidentified people, said Sudibyo, a forensic doctor from [Yogyakarta] who uses only one name	0	0.005	1
	S_3: In the hardest hit part of the [Yogyakarta] area, [Bantul], mayor Idham Samawi said that rescuers had counted 2, 200 dead and that many more people were alive but trapped under thousands of collapsed buildings	1	0.99	0 (LC)

6.8.4 先验知识级别降噪相关实验

本节介绍先验知识降噪的方法基于实体类型的迁移学习（TL）的效果，分三个主要部分：对比方法、参数设置和实验效果。

（1）对比方法。本节采用了 4 个方法比较说明 TL 的效果。

① 基于 RNN 模型和带注意力多实例学习（BGRU+ATT）通过注意力加权的方法聚集 RNN 提取的关系底层特征。

② BGRU+ATT+TL 在 BGRU+ATT 的基础上集成了基于实体类型的迁移学习，进一步加强了关系抽取的效果。

③ 基于句内问答模型和正则化多实例学习（QARE+RMIL）通过正则化多实例学习的方法聚集句内问答模型提取的关系底层特征。

④ QARE+RMIL+TL 是在 QARE+RMIL 基础上集成了基于实体类型的迁移学习，同样说明了基于迁移学习获取的先验知识能够有效地加强关系抽取效果。

（2）参数设置。正则化多实例学习算法需要设置的超参数是三个权重参数：λ_{head}、λ_{tail} 和 λ。三个参数经过网格搜索后可以确定在本实验中的取值为 $\lambda_{head} = 0.5$、$\lambda_{tail} = 0.5$ 和 $\lambda = 0.3$。

（3）实验效果。四个对比方法分别集成不同的关系特征抽取模型和多实例学习算法，用以说明在不同状态下基于实体类型的迁移学习对于关系抽取的结果都有正面促进作用。从图 6.12 和图 6.13 可以得出如下结论：① 不管使用何种神经网络抽取底层关系特征，集成迁移学习的方法总能获得更好的结果，因为迁移学习方法能够有效地利用实体类型信息作为先验知识；② QARE+RMIL+TL 在两个

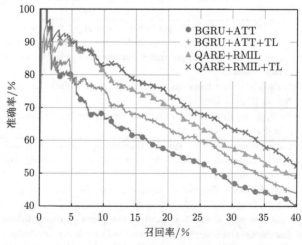

图 6.12   基于实体类别的迁移学习及其对比方法在数据集 NYT-10 上的 PR 曲线

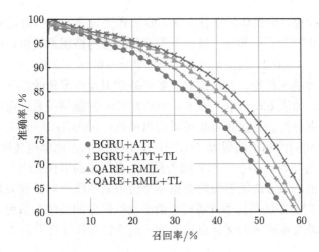

图 6.13　基于实体类别的迁移学习及其对比方法在数据集 NYT-18 上的 PR 曲线

数据集上都获得了最好的 PR 曲线，说明该方法具有良好的泛化性。具体来说，在数据集 NYT-10 上，四种方法 BGRU+ATT、BGRU+ATT+TL、QARE+RMIL 和 QARE+RMIL+TL 的 PR 曲线面积分别是 0.34、0.37、0.41 和 0.43。③ 基于实体类型的迁移学习无论集成哪种多实例方法都能够获得性能的提升，因为该方法为参数初始化方法，不影响神经关系抽取模型中的网络结构和方法；④ 基于 QARE 的方法总是优于基于 BGRU 的方法，说明 QARE 模型是更好的关系特征提取模型。

6.8.5　数据分布级别降噪相关实验

本节介绍数据分布降噪的方法自聚焦的多任务学习（FM）的效果，分三个主要部分：对比方法、参数设置和实验效果。

（1）对比方法。本节采用了 4 个方法进行比较来说明 FM 的效果，四个方法均集成了相同的多实例学习算法[①]。本实验主要目的为验证 FM 的有效性，因此选取了当前最常用的两种句子编码器 PCNN 和 BGRU，具体比对方法如下：

① 基于卷积神经网络的关系抽取（PCNN）通过卷积神经网络提取关系特征。

② 基于循环神经网络的关系抽取（BGRU）通过循环神经网络提取关系特征。

③ BGRU 集成多任务学习算法（BGRU+M）通过循环神经网络抽取关系底层特征，并经多任务学习算法训练。

④ BGRU 集成自聚焦的多任务学习算法（BGRU+FM）通过循环神经网络抽取关系底层特征，并经自聚焦的多任务学习算法训练。

---

① 本章使用基于注意力的多实例学习算法。

（2）参数设置。自聚焦的多任务学习算法需要设置的超参数是五个权重参数：λ_{head}、λ_{tail}、$\lambda^{\text{relation}}$、$\kappa$ 和 γ。以上五个参数经过网格搜索后可以确定在本实验中的取值为 $\lambda_{\text{head}} = 0.2$，$\lambda_{\text{tail}} = 0.2$，$\lambda^{\text{relation}} = 0.6$，$\kappa = 1.0$，$\gamma = 1.0$。

（3）实验效果。首先，本章比对了多任务学习及自聚焦的多任务学习在低频关系上的效果，如表 6.6 所示。表 6.6 中陈列了 8 种低频关系，在前人的关系抽取工作中精确率较差。通过表 6.6 可以得出结论：① BGRU+FM 比其他方法好得多；② 使用相同的句子编码器（BGRU），BGRU+M 比单纯使用 BGRU 效果要好；③ 多任务学习有助于识别低频关系，而自聚焦的多任务学习在低频关系的识别上十分出色，该方法能够缓解数据不平衡带来的噪声对低频关系预测精确率的影响。因为 FM 方法在模型训练时，给予难以区分的低频关系更大的权重，使得模型对于这类关系实例的优化更加敏感，最终针对性地提升该类实例的预测精确率。

表 6.6   自聚焦的多任务学习在低频关系抽取上的效果

关系预测精确率/%	PCNN	BGRU	BGRU+M	BGRU+FM
/people/person/place_of_death	30.4	17.4	28.3	**37.0**
/people/person/place_of_birth	21.2	23.0	22.1	**44.2**
/people/person/place_lived	81.5	87.2	85.6	**87.7**
/people/person/children	81.8	81.8	68.2	**100.0**
/people/person/nationality	96.7	98.5	98.5	**99.3**
/business/person/company	92.9	97.1	**97.9**	96.4
/business/company/founders	36.1	58.3	66.7	**75.0**
/sports/sports_team/location	37.5	12.5	25.0	**62.5**

此外，本章同时计算了数据集 NYT-10 中除去高频关系"location/location/contains"之外的所有关系前 100 个、200 个、300 个预测的精确率，以及在数据集 NYT-10 上的整体精确率，旨在说明自聚焦的多任务学习在保证关系抽取的整体精确率不下降，甚至有显著提升的情况下，极大地提升了低频关系的预测精确率。效果如表 6.7 所示，BGRU+FM 取得了最好的效果，尤其在低频关系的预测精确率方面，同时并不牺牲整体关系抽取的精确率。因此，本章可以得出结论：自聚焦的多任务学习有助于解决数据不平衡带来的噪声，尤其有助于低频关系抽取。

表 6.7   自聚焦的多任务学习在数据集 NYT-10 上的效果

测试指标	低频关系 P@N/%				全部关系 P@N/%			
比对方法	100	200	300	均值	100	200	300	均值
PCNN	63.0	51.0	46.3	53.5	78.0	72.0	72.0	74.0
BGRU	39.0	37.0	37.7	37.9	76.0	71.0	66.7	71.2
BGRU+M	43.0	42.0	40.7	41.9	78.0	76.0	72.3	75.4
BGRU+FM	**67.0**	**61.0**	**53.0**	**60.3**	**83.0**	**80.0**	**76.7**	**79.9**

6.8.6　多级别抗噪声相关实验

本节介绍鲁棒的神经关系抽取模型的效果，分三个主要部分：对比方法、参数设置和实验效果。

（1）对比方法。本节实现了 6 个最新的神经关系抽取模型，用于比较说明 RNRE 的效果。

① 基于 CNN 的关系抽取（PCNN）通过最大池化的方法聚集卷积神经网络提取的关系底层特征[180]。

② 基于 CNN 和注意力机制的关系抽取（PCNN+ATT）在 PCNN 方法的基础上集成了基于注意力的多实例学习算法[58]。

③ 基于 RNN 和注意力机制的关系抽取（BGRU+ATT）在 BGRU 方法的基础上集成了基于注意力的多实例学习算法。

④ 基于自生成标签的关系抽取（PCNN+ATT+SL）在 PCNN+ATT 方法的基础上集成了软标签生成模块，将训练数据的标签替换成动态生成的软件标签[187]。

⑤ 基于依存语法树剪枝的关系抽取（STPRE）在依存语法树对原始输入句子进行剪枝的基础上集成了基于实体类型的迁移学习解决方法[224]。

⑥ 鲁棒的神经关系抽取（RNRE）模型应用多级别降噪方法，实现鲁棒的神经关系抽取。

（2）参数设置。参考 6.8.4 节。

（3）实验效果。首先，本章在数据集 NYT-10 和 NYT-18 上比较了所有比对方法的 PR 曲线，分别如图 6.14 和图 6.15 所示。相比于前人的关系抽取方法，多级别降噪方法 RNRE 均取得了较大幅度的提升。

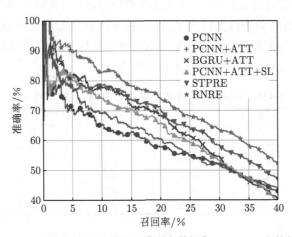

图 6.14　鲁棒的神经关系抽取模型在数据集 NYT-10 上的效果

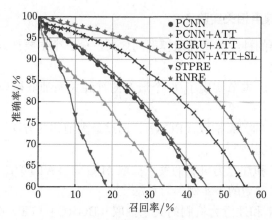

图 6.15   鲁棒的神经关系抽取模型在数据集 NYT-18 上的效果

根据图 6.14 和图 6.15 可以得出如下结论：① STPRE 在小规模关系抽取的应用场景下效果尚可，在大规模关系抽取的场景中效果极差。可能的原因是基于固定语法模式的句子剪枝方法很难扩展到特征种类多样性的大规模关系抽取场景。② PCNN+ATT+SL 方法的精确率在高置信度区域很高，然而在低置信度区域迅速下降。可能的原因是该方法过于依赖软标签生成器的效果，然而软标签生成器又来自于现有数据的关系抽取训练，因此该方法极易收敛到局部最优解。③ 在大规模关系抽取场景中，基于 RNN 的方法通常优于基于 CNN 的方法。④ 经过多级别降噪方法的应用，RNRE 模型获得了最好的 PR 曲线。

其次，为了量化 RNRE 方法的提升，本章同样在数据集 NYT-10[①]上计算了不同测试设置（One，Two，All）下前 100 个预测的精确率（P@100）及 PR 曲线的面积，具体结果如表 6.8 所示。从表 6.8 中可以看出，RNRE 相较于前人的关系抽取方法在 P@100 的均值上提升了 2%，在 PR 曲线面积上从 0.39 提升到 0.43，提升了 10.3%。该结果说明了基于多级别降噪的鲁棒神经关系抽取方法 RNRE 在远程监督的关系抽取任务中取得了卓越的结果。

表 6.8   鲁棒的神经关系抽取模型在数据集 NYT-10 上的 P@N 及 PR 曲线面积

P@100	One	Two	All	Mean	PR
PCNN	73.3	70.3	72.3	72.0	0.33
PCNN+ATT	73.3	77.2	76.2	75.6	0.35
BGRU+ATT	78.0	82.0	82.0	80.7	0.37
PCNN+ATT+SL	**84.0**	86.0	87.0	85.7	0.34
STPRE	83.0	85.0	87.0	85.0	0.39
RNRE	83.0	**89.0**	**91.0**	**87.7**	**0.43**

---

① 数据集 NYT-18 上的相关结果参见 5.4.3 节。

6.9 本 章 小 结

本章系统地分析了基于远程监督的关系抽取工作中存在的诸多噪声，建立了噪声的四层分布体系，并针对各个级别的噪声分别提出了业内领先的解决方法。对于词汇级别的噪声，本章给出基于子树的剪枝方法和基于句内问答的关系抽取模型；对于句子级别的噪声，本章提出了正则化的多实例学习算法；对于先验知识级别的噪声，本章使用了基于实体类型的迁移学习算法；对于数据分布级别的噪声，本章设计了自聚焦的多任务学习框架。最终，本章集成了多级别的降噪解决方法，提出了鲁棒的神经关系抽取模型，同时实现了多级别降噪，极大地增强了神经关系抽取模型的鲁棒性①。

思 考 题

1. 了解子树解析在自然语言处理领域中的常见应用及典型语法规则。

2. 总结常见的距离度量方法的计算公式和使用场景。如 KL 距离、欧氏距离、余弦距离等。

3. 相较于传统的注意力机制，分析多头注意力机制的优势所在。

4. 思考还有哪些与关系抽取任务相关的辅助任务，可用于进一步地提高关系抽取的效果。

5. 探索本章提出的多级别降噪方法在其他同样存在噪声问题的任务上的使用。

---

① 本章的工作已经收录于 CCF B 类期刊 SCIENCE CHINA Information Sciences（Fine-grained relation extraction with focal multi-task learning），国际会议 EMNLP 2018（Neural Relation Extraction via Inner-Sentence Noise Reduction and Transfer Learning）及 CCF A 类期刊 IEEE Transactions on Knowledge and Data Engineering（Robust Neural Relation Extraction via Multi-Granularity Noises Reduction）。

第 7 章 关系抽取模型的前沿初探

近年来神经网络相关技术的长足发展，以及其在语义特征拟合方面表现出的强大能力，客观上促进了关系抽取相关模型的快速进步。以 CNN 和 RNN 为代表的一系列关系抽取模型在诸多关系抽取任务上表现出优秀的效果。然而，随着人工智能相关技术持续不断的发展，关系抽取任务能够在多方面扩展原有的工作模式，形成更加灵活而准确的关系抽取解决方法。例如，本章介绍 GAN 带来的半监督关系抽取解决方法和基于主动学习的无偏关系抽取测评方法。

本章首次探索 GAN 在生成关系表示向量上的可能，并提出基于 GAN 的半远程监督关系抽取解决方法，用于解决自动化标注错误太多而人工标注又成本过高的问题。另外，本章首次关注到远程监督关系抽取相关工作中测试集不准确的问题，提出基于主动学习的无偏测评方法。

7.1 概　　述

尽管关系抽取模型近年来得到了长足的发展，关系抽取任务依然存在许多亟须突破的问题。结合近年来蓬勃发展的人工智能相关技术，本章针对两方面的问题提出创造性的解决方法。其一，如何使用部分标注的数据集训练大规模关系抽取模型？其二，如何解决远程监督关系抽取任务中测试集包含大量的噪声问题？针对第一个问题，本章在 7.3 节详述传统远程监督的关系抽取模型面临的错误标注困境，尤其关注了前人没有关注到的错误标注负样本问题。本书在第 6 章详细地阐述了远程监督方法中多级别噪声的产生原因，并尽可能地提出抗噪声解决方法。本章则提出另外一种思路：使用部分准确数据和部分无标签数据的半监督解决方法。具体来说，本章结合文献 [23] 提出了 GAN 驱动的半远程监督学习框架（GAN driven semi-distant supervision for relation extraction）。针对第二个问题，本章在 7.4 节详细解释充满噪声的测试集对于关系抽取模型的严重误导和错误评判，并提出基于主动学习的无偏测评方法。综上所述，本章关于关系抽取任务的前沿探索工作如下所示。

（1）本章首次揭示错误标注负样本对于远程监督关系抽取的巨大影响，尤其是错误标注的测试集对于远程监督关系抽取测评的影响。

（2）本章首次提出 GAN 驱动的半远程监督关系抽取框架，平衡了精确标注数据的资源消耗和自动化标注数据的错误频发，实现更精确的关系抽取模型。

（3）本章首次提出基于主动学习的无偏测评方法，并对大量已发表的关系抽取模型进行重新评估，给出更准确的性能测评。

7.2 错误标注负样本问题

错误标注问题是远程监督关系抽取面临的核心问题，然而现有工作通常都只关注错误标注的正样本，即句子 S 标注为关系 r_1，实际上是关系 r_2 的情况。很少有工作注意到错误标注的负样本，表现为句子 S 标注为关系 NA，实际上是关系 r_1。错误标注的负样本对关系抽取模型同样有着巨大的影响，甚至比错误标注正样本的影响更大。基于远程监督的方法构建的关系抽取数据集通常包含大量错误标注的负样本，原因主要有三点。

（1）现有知识库的不完整性。正如之前所说，现有知识库都是非常不完整的，记录的知识规模与现实生活中存在较大差距[40]。例如，根据统计，Freebase 中超过 70% 的人缺少"出生地"这一信息。也就意味着这些人与他们的出生地之间都会被标注为 NA 关系。会引入很多错误标注的负样本。

（2）数据集正负样本的不平衡性。现有远程监督关系抽取任务所涉及的数据集中，负样本数量本身比正样本占有更大的比重。在远程监督关系抽取任务常用的数据集 NYT-10[56] 中，负样本在训练集中占比超过 70%，而在测试集中占比超过 90%。所以这些错误标注的负样本也会在数据集中占有相当大的比重。

（3）研究者一直忽略错误标注。自从远程监督关系抽取任务提出以来，几乎所有有关噪声的研究都关注于错误标注的正样本，却忽略了错误标注的负样本。这导致现有数据集中的错误标注的负样本迟迟得不到处理，而且关系抽取模型大都受到一定程度的干扰。

表 7.1 中"PB"、"LC"、"PN"、"PC"和"NA"分别表示"people/person/place_of_birth"、"location/location/contains"、"people/person/nationality"、"/person/company"和"no relation"。表 7.1 中的句子 s_1 表示关系 place_of_birth，然而却被错误标记为 NA。其他三个句子在数据集 NYT-10 中同样被错误标注为 NA。不完备知识库中缺失的关系三元组使得自动化构建的关系抽取数据集包含大量错误标注的负样本。在 NYT-10 训练集中，NA 的比例高达 72.5%；在 NYT-10 测试集中，NA 的比例更是达到惊人的 96.3%。因此大量的负样本，尤其大量的错误标注负样本，对于关系抽取模型的精确率有严重的影响，主要体现在两个方面：① 影响关系抽取模型的训练过程，大量错误标注的负样本会误导关系抽取模型，使其收敛到错误的最优解；② 影响关系抽取模型的测试准确性。本章接下来详述错误标注的负样本对于测试准确性的影响。

表 7.1　数据集 NYT-10 中错误标注负样本实例

ID	句子实例	数据集标签	实际标签
S_1	[James Hillier] was born in [Brantford], Ontario.	NA	PB
S_2	Dr. Fortner will be interred in [Bedford], [Indiana] with his parents.	NA	LC
S_3	"This is an expression of what has been going on", archbishop [Phillip Aspinall] of [Australia] said at a news briefing here.	NA	PN
S_4	What Dr. Sims did is called user-driven innovation by [Eric Von Hippel], a professor at the [Massachusetts Institute of Technology]'s Sloan School of management.	NA	PC

　　本章通过随机采样的方法测算了 NYT-10 测试集中错误标注的实体对，每 400 次采样中有 35 个实体对被错误标注为 NA，因此可以近似认为测试集中 8.75% 的实体对被误标记为没有关系（NA）。前人的远程监督关系抽取工作大都使用自动化测评方法，而该自动化测评方法与相对较准确的人工测评方法在精确率上有较大的差距。结果如表 7.2 所示，两者之间的差距至少为 19.8%。自动化测评方法中错误的测评结果除了极大地影响了对关系抽取模型有效性的判断，还会反过来影响关系抽取模型的优化。近年来关系抽取模型优化的目标均为最大化自动化测评的精确率，然而如表 7.2 所示，如果某个关系抽取模型在 P@100 上的精确率达到 100%，那么实际上该模型有非常高的错误率。显然，该模型在数据集 NYT-10 上严重过拟合。虽然最终关系预测结果贴近了数据集 NYT-10，却偏离了真实情况。因此，以此包含大量错误标注负样本的数据集进行训练和测试关系抽取模型是十分不可信的。本章针对此问题提出更可靠的 GAN 驱动的半远程监督框架和基于主动学习的无偏测评方法。

表 7.2　PCNN+ATT 方法在数据集 NYT-10 上自动化测评与人工测评的结果差异

评价指标	P@100/%	P@200/%	P@300/%
自动化测评	76.2	73.1	67.4
人工测评	96.0(+19.8)	95.5(+22.4)	91.0(+23.6)

7.3　GAN 驱动的半远程监督学习框架

7.3.1　半远程监督关系抽取原理

　　为了解决训练过程中的错误标注负样本问题，通常可以采用两种应对方法：一种是尽量地提高自动化标注数据集的精确率，减少错误标注负样本的数量；另一种是合理地利用无标签的数据，降低良好标注数据的数量需求。第一种方法可以通过去除错误标注的负样本来提升数据集的精确率，但是该方法受限于其高昂的人工成本；第二种方法可以通过使用大量的无标签数据训练关系抽取模型，但是该方案需要一个小规模良好标注的数据集。因此，本章结合两种方案的优势，并弥补两种方案的不足，提出了 GAN 驱动的半远程监督关系抽取框架。

在 GAN 驱动的半远程监督关系抽取框架中，首先进行数据集重构。利用实体描述信息过滤掉大量疑似错误标注的负样本。继而使用过滤后的较为准确的数据集作为基准数据集，辅以被过滤掉的视为无标签的大量实例，实现半监督的关系抽取模型。半监督的关系抽取模型以对抗神经网络为内核，利用 GAN 为无标签数据生成有效的关系表示。由于原始的 GAN 在离散的语言任务中表现并不理想，本章提出涉及三个玩家的博弈游戏，该游戏最小化有标签数据和无标签数据在关系表示向量上的差异，同时最大化区分有标签数据和无标签数据的可能性，并以此博弈方法来为无标签数据生成有效的关系表示。具体的算法细节参见7.3.2 节。

数据重构的目的是在数据集 NYT-10 中去除疑似错误标注的负样本，构建更加准确的数据集。现有远程监督关系抽取任务的数据集构建方法可以大致总结为以下几个步骤。

（1）收集文本内容并按照句子进行切分。

（2）利用现有的命名实体识别工具识别句中的实体词，并与知识库中的实体词进行对应。对于等于 2 个实体词的句子，将该实体词对标记出来；对于大于 2 个实体词的句子，每次标记一个不同的实体词对（2 个实体词）进行重复采样，直至所有的实体词组合都被标记出。

（3）对每一个句子及实体对查询知识库，如果两个实体词之间有关系，那么该关系即为该样本的标签，如果没有关系，那么该样本被标注为负样本。

（4）根据比例划分训练集和测试集。

本章使用实体描述信息辅助判断实体对之间是否存在可能的关系标签。实体的描述信息采集自 Wikipedia 中对应实体的描述页面，如果一个实体的名字匹配多个 Wikipedia 页面，则这些页面组织在一起表示该实体的描述信息。本章假设实体词对中，如果任意实体的描述信息包含另外一个实体的名字，则认为这两个实体可能存在关系。例如，实体 Apple Inc. 的名字出现在了实体 Steve Jobs 的描述信息里，因此可以推断实体对 [Apple Inc., Steve Jobs] 可能存在关系，而实际上该实体对包含关系 "company/founder"。为了验证该假设的合理性，本章统计了数据集 NYT-10 里正样本中实体描述包含另一个实体名字的比例。数据集中共有 163108 个正样本，其中 161392 个正样本中的实体对符合该假设，也就是说，超过 98.9% 的正样本符合实体描述里包含另一实体名字的假设。因此，给定一个句子包含实体对 $[e_1, e_2]$，如果任意实体的描述信息都不包含另外一个实体的名字，那么该实体对有很大的概率没有关系。利用这个假设，本章可以将现有的远程监督数据集进行过滤。

（5）对每个实体词收集其实体描述信息。

（6）将数据集中的所有标注为无关系但是在描述中互相出现的样本筛选出来，并删除其标签，作为无标签数据，其他数据作为准确数据。

（7）将无标签数据和准确的训练集合并作为训练集，将剩余的准确测试集作为测试集。

7.3.2　GAN 驱动的半监督关系抽取算法

本节详述 GAN 驱动的半监督关系抽取算法的工作原理（7.1）。其中，$\bar{h}_s$ 与 $\bar{h}_c$ 分别为有标签数据和无标签数据的关系表示向量，$\bar{h}_{\text{gen}}$ 为生成器生成的关系表示，l 与 l_{gen} 分别为实际标签和生成的标签，关系特征空间中的符号均代表不同的关系的实例。如图 7.1 所示，为了充分地利用重构数据集中准确标注的实例及大规模的无标签数据，本章构建了 GAN 驱动的关系抽取模型。通过 GAN 将无标签数据 s_{ul} 映射到标签数据 s_l 的特征空间，得到新的关系实例 s_{gen}。最终使得生成关系表示的数据分布 $p(s_{\text{gen}})$ 近似等于有标签数据的数据分布 $p(s_l)$。为了实现该过程，本章利用 GAN 的数据生成能力，并在关系抽取任务上进行适应性改进，最终设计三个玩家参与的博弈游戏来生成有效的 $p(s_{\text{gen}})$。该游戏包括的三个玩家是句子编码器、生成模型和判别模型。

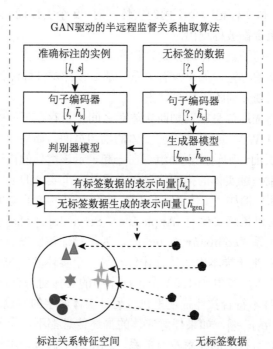

图 7.1　GAN 驱动的半远程监督关系抽取算法的工作原理

生成模型最小化 $p(s_l)$ 和 $p(s_{gen})$ 之间的差异，判别模型最大化能够区分 $p(s_l)$ 和 $p(s_{gen})$ 的可能性。句子编码器的作用是将句子输入编码成关系表示向量，其为标注数据生成表示向量并且为无标签数据初始化关系表示向量。句子编码器的存在使得 GAN 中生成模型和判别模型的训练更加稳定，能够针对关系抽取的任务提取更好的关系特征。本章使用广泛应用的基于 CNN 的关系抽取模型。具体来说，判别器模型 D 尽最大努力来区分标签数据和生成数据，同时生成器模型 G 尽最大努力使得 $p(s_{gen}) \approx p(s_l)$。此外，句子编码器 S 从所有的训练数据 p_{All} 中抽取关系特征。以上三个玩家的博弈过程可以用如下公式表示：

$$\min_{S,G} \max_D V(S, D, G) = E_{s \sim p_{All}}[\log_2 S(s)] + E_{s \sim p_{s_l}}[\log_2 D(x)] \\ + E_{c \sim p_{s_{gen}}}[\log_2(1 - D(G(c)))] \tag{7.3.1}$$

在生成对抗训练中，判别器模型通过最大化标签数据和无标签数据之间的差异来训练，具体如下：

$$J_D(s, c, \theta_d) = \log_2 D(s) + \log_2(1 - D(G(c))) \tag{7.3.2}$$

式中，s 与 c 分别来自有标签数据集 s_l 和无标签数据集 s_{ul}；θ_d 为判别器参数。$D(s)$ 和 $D(G(c))$ 按照如下公式计算：

$$D(s) = \sigma(W_d \bar{h}_s) \tag{7.3.3}$$

$$D(G(c)) = \sigma(W_d(\bar{h}_c + W_g)) \tag{7.3.4}$$

式中，W_d 与 W_g 分别为判别模型和生成模型的参数；σ 为 sigmoid 函数。生成器模型的训练目标是为无标签数据生成近似于真实有标签数据的关系表示向量：

$$J_G(c, \theta_g) = \log_2(1 - D(G(c))) \tag{7.3.5}$$

式中，θ_g 为生成器模型的参数。最终，句子编码器模型 S 的训练方式为最大化关系抽取的准确性：

$$J_S(x, c, \theta_s) = -\frac{1}{n} \sum_{j=1}^{n} y_{l_j} \log_2 \hat{p}(y_j|x) - \frac{1}{n} \sum_{j=1}^{n} y_{g_j} \log_2 \hat{p}(y_j|G(c)) \tag{7.3.6}$$

式中，y_g 为无标签数据经句子编码器编码后的关系表示向量最可能对应的标签；θ_s 为句子编码器 S 的参数；n 为关系类别。以上完整的 GAN 驱动的半远程监督关系抽取算法可以被总结为算法 7.1。

算法 7.1 GAN 驱动的半远程监督关系抽取算法

Require: 判别器模型 D，生成器模型 G，句子编码器 S，z_i、z_j 和 z_k 是超参数，分别决定三个部分的迭代次数

1: 随机初始化三个部分 D、G 和 S 的参数 θ_d、θ_g 和 θ_s

2: **for** 训练迭代次数 **do**

3:    **for** 迭代 z_i 步 **do**

4:       从准确数据集中采样 a 个句子，记为 s

5:       从无标签数据中采样 b 个句子，记为 c

6:       固定 G 和 S 的参数，使用随机梯度上升的方法更新 D 的参数：

7: $$\nabla_{\theta_d} \left[\frac{1}{a} \sum_{u=1}^{a} \log_2 D(s_u) + \frac{1}{b} \sum_{v=1}^{b} \log_2 (1 - D(G(c_v))) \right]$$

8:    **end for**

9:    **for** 迭代 z_j 步 **do**

10:       从无标签数据中采样 b 个句子，记为 c

11:       固定 D 和 S 的参数，使用随机梯度下降的方法更新 G 的参数：

12: $$\nabla_{\theta_g} \frac{1}{b} \sum_{v=1}^{b} \log_2 (1 - D(G(c_v)))$$

13:    **end for**

14:    **for** 迭代 z_k 步 **do**

15:       从准确数据集中采样 a 个句子，记为 s

16:       从无标签数据中采样 b 个句子，记为 c

17:       固定 D 和 G 的参数，使用随机梯度下降的方法更新 S 的参数：

18: $$\nabla_{\theta_s} \left[-\frac{1}{an} \sum_{u=1}^{n} \sum_{j=1}^{n} y_{l_j} \log_2 \hat{p}(y_j | s_u) - \frac{1}{bn} \sum_{v=1}^{b} \sum_{j=1}^{n} y_{g_j} \log_2 \hat{p}(y_j | G(c_v)) \right]$$

19:    **end for**

20: **end for**

7.4   基于主动学习的无偏测评方法

7.4.1   无偏测评原理

为了解决测试过程中的错误标注负样本问题，前人尝试过使用完全人工的测评方法[180]。然而，在大规模关系抽取的场景中，完全人工的测评方法一方面有着不切实际的资源需求，另一方面与远程监督的自动化理念相悖。因此合理的解决方法应该是尽可能多地减少人力成本，使用有限的人工预算尽可能地标注出足够多的有效标准，并协同使用自动化测评方法给出较为准确的整体评价。显然，较

准的人工标注和较少的资源消耗是需要平衡的两个指标。实际上，通过主动学习的方法能够结合两种评价方法的优点，使用较少的人工成本获得较好的测评精确率。因此，本章提出基于主动学习的无偏测评方法。该测评方法包括两个执行阶段：① 审核阶段；② 评估阶段。在审核阶段，本章使用主动策略挑选最有价值的实体对来进行人工标注；在评估阶段，本章结合审核的数据和全部其他数据给出最终评估结果。经过若干轮两个阶段的交替迭代，最终的测评方法能够较为接近人工测评结果，而资源消耗方面远远小于完全人工测评方法。另外，在关系抽取任务中，多个关系之间往往包含因果逻辑。因此，为了更好地利用关系之间的关系，本章在基于主动学习的无偏测评过程中集成了基于因果逻辑的逻辑回归方法。最终，本章通过实验证明了该无偏估计方法的有效性，并应用更准确的评估方法重新测评了诸多现有的神经关系抽取方法。

7.4.2 无偏测评方法

本节分四个部分介绍无偏测评算法：① 评估任务定义；② 主动测评方法；③ 数据评估方法；④ 数据审核方法。

（1）评估任务定义。在远程监督方法的测评中，所有句子连同其包含的实体对成为一个测试实例。通常关系抽取模型会给出一个实例预测的似然概率 $p_i = \{p_{i1}, p_{i2}, \cdots, p_{in}\}$，其中 n 表示关系类别，$p_{ij} \in (0,1)$ 表示第 j 个关系的似然概率。假设 $l_i = \{l_{i1}, l_{i2}, \cdots, l_{in}\}$ 是第 i 个实体对的真实标签，其中 $l_{ij} \in \{0,1\}$。因为同一个实体对可能符合多个关系，因此 l_i 可能包含不止一个 1。大部分现有的远程监督关系抽取模型使用置信度最高的 K 个预测的精确率（$P@\text{top}K$）和 PR 曲线来衡量其效果。在本章中，$P@\text{top}K$ 同样采用置信度最高的 K 个预测的精确率，PR曲线按照不同 $P@\text{top}K$ 和 $R@\text{top}K$ 进行绘制。为了获取 $P@\text{top}K$ 和 $R@\text{top}K$，本章计算任意实体对对应的所有关系的置信度，记为 $p' = \{p'_1, p'_2, \cdots, p'_N\}$，其中 $N = En$，E 是实体对数量。同样，对应的真实标签为 $l' = \{l'_1, l'_2, \cdots, l'_N\}$。两个关系评价的指标的计算方法如下：

$$P@\text{top}K\{p'_1, p'_2, \cdots, p'_N\} = \frac{1}{K} \sum_{i \leqslant K} p'_i \tag{7.4.1}$$

$$R@\text{top}K\{p'_1, p'_2, \cdots, p'_N\} = \frac{\sum\limits_{i \leqslant K} p'_i}{\sum\limits_{i \leqslant N} p'_i} \tag{7.4.2}$$

传统的自动化测评方法是远程监督的关系抽取常用的测评方法。假设 $y_i = \{y_{i1}, y_{i2}, \cdots, y_{in}\}$ 是第 i 个实体对的自动化标注标签，其中 $y_{ij} \in \{0,1\}$。在基于置信度排序后，自动化标注的对应标签为 $y' = \{y'_1, y'_2, \cdots, y'_N\}$，自动化测评方法

中计算 $P@\text{top}K$ 和 $R@\text{top}K$ 时使用如下公式：

$$P@\text{top}K = \frac{1}{K}\sum_{i \leqslant K} y_i' \tag{7.4.3}$$

$$R@\text{top}K = \frac{\sum\limits_{i \leqslant K} y_i'}{\sum\limits_{i \leqslant N} y_i'} \tag{7.4.4}$$

从以上公式中可以看出，在包含大量错误标注负样本的测试集上应用自动化测评方法会带来明显的测评偏差。因此，本章提出了基于主动学习的两阶段测评方法。

（2）主动测评方法。本章提出了基于主动测评的方法，其框架如图 7.2 所示。初始状态是全部自动化构建的测试集合，同样包含了大量的错误标注数据。每次完整迭代过程包含两个步骤：① 数据审核。按照数据审核策略挑选部分数据进行人工标注，并将标注后的数据添加到审核数据集。② 利用自动标注数据和人工审核数据，使用全新的数据评估方法测评关系抽取准确性。在若干轮迭代后，关系抽取模型的评估结果将接近人工评估的结果。总结来说，基于主动学习的测评方法使用自动化标注的数据和人工审核的数据协同工作，达到能准确高效地测评关系抽取模型的目的。具体的算法细节如算法 7.2 所示，其中 $p_{\text{est}}(l')$ 的计算方法与审核策略 VS 将在数据评估方法和数据审核方法详述。

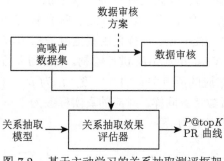

图 7.2　基于主动学习的关系抽取测评框架

（3）数据评估方法。数据评估方法需要同时使用两类数据：① 高噪声数据集 U，只有自动化标注的标签 y_i'；② 人工审核的数据集 V，同时包含自动化标注的标签 y_i' 和人工审核标签 $\tilde{l}_i'$。如果将真实标签 l_i' 视为隐变量，那么 $\tilde{l}_i'$ 就是其观测值。关系抽取的性能评估主要目的是对真实标签 l_i 的估计。因此，测评指标 $p_{\text{est}}(l_i')$ 计算如下：

$$p_{\text{est}}(l_i') = \prod_{i \in U} p(l_i'|\varOmega)\prod_{i \in V}\delta(l_i' = \tilde{l}_i') \tag{7.4.5}$$

式中，Ω 表示目前所有已知的元素如置信度和自动化标签等。本章假设真实标签的隐状态分布依赖于 Ω。给定后验概率 $p(l'_i|\Omega)$，新的精确率和召回率的计算公式如下：

$$E[P@\text{top}K] = \frac{1}{K}\left(\sum_{i\in V_K}\tilde{l}'_i + \sum_{i\in U_K}p(l'_i=1|\Omega)\right) \tag{7.4.6}$$

$$E[R@\text{top}K] = \frac{\sum\limits_{i\in V_K}\tilde{l}'_i + \sum\limits_{i\in U_K}p(l'_i=1|\Omega)}{\sum\limits_{i\in V}\tilde{l}'_i + \sum\limits_{i\in U}p(l'_i=1|\Omega)} \tag{7.4.7}$$

式中，U_K 与 V_K 表示未经审核的数据和经审核的数据中置信度前 K 个数据构成的子集。具体的计算过程参见算法 7.2。

算法 7.2 基于主动学习的关系抽取测评算法

Require: 未审核数据 U，审核数据 V，审核资源预算 T，审核策略 VS，置信度 P，评估公式 $p_{\text{est}}(l')$

1: **while** $T > 0$ **do**
2: 　　使用审核策略 VS 挑选一个数据包 $B \in U$
3: 　　审核 B 并获取人工的标签 $\tilde{l}'$
4: 　　$U = U - B, V = V \cup B$
5: 　　使用 U、V、S 计算 $p_{\text{est}}(l')$
6: 　　$T = T - |B|$
7: **end while**

为了预测真实标签 z'_i，本章使用了噪声标签 y'_i 和置信度 p'_i。后验概率可以写为

$$
\begin{aligned}
p(z'_i|y'_i,p'_i) &= \frac{p(z'_i,y'_i,p'_i)}{\sum\limits_{v\in\{0,1\}}p(z'_i=v,y'_i,p'_i)} \\
&= \frac{p(z_{jk},y_{jk},p_{jk})}{\sum\limits_{v\in\{0,1\}}p(z_{jk}=v,y_{jk},p_{jk})} \\
&= \frac{p(y_{jk}|z_{jk},p_{jk})p(z_{jk}|p_{jk})}{\sum\limits_{v\in\{0,1\}}p(y_{jk}|z_{jk}=v,p_{jk})p(z_{jk}=v|p_{jk})}
\end{aligned}
\tag{7.4.8}
$$

本章假设给定 z_{jk}，观察到的标签 y_{jk} 条件独立于 p_{jk}，也就意味着

$$p(y_{jk}|z_{jk},p_{jk}) = p(y_{jk}|z_{jk}) \tag{7.4.9}$$

因此，前述公式可以表示为

$$p(z_i'|y_i',p_k') = \frac{p(y_{jk}|z_{jk})p(z_{jk}|p_{jk})}{\sum\limits_{v\in\{0,1\}} p(y_{jk}|z_{jk}=v)p(z_{jk}=v|p_{jk})}$$

p_{jk}、y_{jk}、z_{jk} 是 p_i'、y_i'、z_i' 在置信度排序之前对应的元素。$p(y_{jk}|z_{jk})$ 是在给定标注样本的条件下，通过最大概率估计来模拟的。$p(z_{jk}|p_{jk})$ 是利用逻辑回归函数得到的。对于每个关系，本章都使用一个特定的逻辑回归函数。最终，使用该公式及基于因果的逻辑回归方法，本章实现了基于主动学习的关系抽取模型无偏测评方法。

（4）数据审核方法。挑选合适的数据进行审核是基于主动学习的关系抽取测评方法是否有效的关键，本章采用最大预期模型变化（maximum expected model change）的审核策略[233]。该策略的核心是每次人工审核时选取能够带来最大化模型收益的数据。令 $E_{p(l'|V)}Q$ 表示基于当前概率分布 $p(l'|V)$ 和审核数据 V 的收益期望。在经过第 i 个实例采样并计算测评结果后，该期望成为 $E_{p(l'|V,l_i')}Q$。第 i 个采样的变化量为

$$\Delta_i(l_i') = |E_{p(l'|V)}Q - E_{p(l'|V,l_i')}Q| \tag{7.4.10}$$

对于前 K 个预测精确率来说，期望的变化量如下：

$$\begin{aligned}E_{p(l_i'|V)}[\Delta_i(l_i')] &= p_i\frac{1}{K}|1-p_i| + (1-p_i)\frac{1}{K}|0-p_i|\\ &= \frac{2}{K}p_i(1-p_i)\end{aligned} \tag{7.4.11}$$

式中，$p_i = P(l_i'=1|\Omega)$。该数据审核策略对于 $P@\mathrm{top}K$ 和 PR 曲线均适用，在本章实验部分将证明该方法明显优于随机审核的结果。

7.5　实　　验

本节使用在关系抽取领域通用的数据集和评价指标，依次评估了 GAN 驱动的半远程监督学习框架和基于主动学习的无偏测评方法的有效性，并最终使用本章提出的无偏测评方法重新评估了近年来提出的神经关系抽取模型。

7.5.1　数据集及评价指标

（1）数据集。本节同样使用数据集 NYT-10[56] 验证远程监督关系抽取的有效性，并在数据集 NYT-10 的基础上评估基于主动学习的无偏测评方法的有效性。

同时,本章构建更准确的数据集 Accurate-NYT(A-NYT)和手标数据集 NYT-19。A-NYT 是经过重构去除错误标注负样本的较精确数据集。NYT-19 是从 NYT-10 中随机选取的小数据集,由 500 个实体对及其对应句子构成,并且被自然语言相关研究人员标注。为了验证 GAN 驱动的半监督关系抽取的泛化性,本章使用了 16 个来自亚马逊网站评论信息的文本情感分类数据集[234]。19 个相关数据集的详细信息如表 7.3 所示。

表 7.3　GAN 驱动的半远程监督关系抽取框架和基于主动学习的无偏测评方法相关实验数据集信息

数据集	正样本	负样本	未标注数据	关系类别
NYT-10	163108	579428	—	53
NYT-19	106	394	—	53
A-NYT	163108	240453	338975	53
Books	1000	1000	2000	2
Electronics	1000	998	2000	2
DVD	1000	1000	2000	2
Kitchen	1000	1000	2000	2
Apparel	1000	1000	2000	2
Camera	999	998	2000	2
Health	1000	1000	2000	2
Music	1000	1000	2000	2
Toys	1000	1000	2000	2
Video	1000	1000	2000	2
Baby	1000	900	2000	2
Magazine	1000	970	2000	2
Software	1000	915	475	2
Sports	1000	1000	2000	2
IMDB	994	1006	2000	2
MR	986	1014	2000	2

(2)评价指标。本章采用自动化测评方法评估 GAN 驱动的半远程监督关系抽取框架的效果。具体到指标上,自动化测评方法使用 PR 曲线来衡量关系抽取模型的效果。PR 曲线是精确率和召回率曲线,以召回率作为横坐标轴,精确率作为纵坐标轴。根据不同置信度下的精确率和召回率的值来描线。为了评估基于主动学习的无偏测评方法的效果,本章比较基于主动学习的无偏测评方法、自动化测评和人工测评三种测评方法。

7.5.2　GAN 驱动的半远程监督关系抽取相关实验

本节介绍 GAN 驱动的半远程监督关系抽取方法的效果,分三个主要部分:对比方法、参数设置和实验效果。

(1)对比方法。本节实现了 8 个最新的神经关系抽取模型,比较说明 GAN 驱动的半远程监督关系抽取方法的效果。

① 基于 CNN 的关系抽取（PCNN）通过最大池化的方法聚集 CNN 提取的关系底层特征[180]。

② 基于 CNN 的关系抽取（PCNN+ATT）通过注意力加权的方法聚集 CNN 提取的关系底层特征[58]。

③ 基于自生成标签的关系抽取（PCNN+ATT+SL）在 PCNN+ATT 方法的基础上集成了软标签生成模块，将训练数据的标签替换成动态生成的软件标签[187]。

④ 基于对抗训练的关系抽取（PCNN+ATT+AT）在 PCNN+ATT 方法的基础上集成了对抗训练的方法[22]。

⑤ 基于对抗生成网络挑选训练集的关系抽取（PCNN+ATT+DSGAN）通过 CNN 挑选高质量训练数据，进而通过 PCNN+ATT 模型进行关系抽取训练[235]。

⑥ 基于依存语法树剪枝的关系抽取（STPRE）在通过依存语法树对原始输入句子进行剪枝的基础上集成了基于实体类型的迁移学习解决方法[224]。

⑦ 基于自训练半监督关系抽取（PCNN+ATT+ST）在 PCNN+ATT 方法的基础上集成了自训练方法为无标签数据生成标签，实现半监督的关系抽取。

⑧ GAN 驱动的半远程监督关系抽取（PCNN+ATT+GAN）利用 GAN 方法生成无标签数据的关系标签，最终实现半监督的关系抽取。

（2）参数设置。GAN 驱动的半远程监督关系抽取除去 PCNN 本身的超参数外需要设置三个超参数：判别模型迭代次数 z_i、生成模型迭代次数 z_j 和句子编码器迭代次数 z_k。该三个参数经过网格搜索后可以确定在本实验中的取值为 $z_i = 2$，$z_j = 1$，$z_k = 2$。

（3）实验效果。首先本章验证了重构数据集 A-NYT 的有效性。本节比较了 PCNN 与 PCNN+ATT 在数据集 NYT-10 和 A-NYT 上的效果①，以及比对了 PCNN+ATT 在数据集 NYT 及数据集 A-NYT 上人工测评的结果和自动化测评的结果。数据集 NYT-10 和数据集 A-NYT 使用同样的正样本数据，然而数据集 A-NYT 相比于数据集 NYT-10 有更少而且准确的负样本。图 7.3 展示出：同样的方法在数据集 A-NYT 上的 PR 曲线明显优于数据集 NYT-10 的 PR 曲线。显然巨大的效果鸿沟来自于数据集 NYT-10 中错误标注的负样本。为了进一步证明数据集 A-NYT 上的结果更接近于真实关系抽取的效果，本章同样计算了 P@N 的值。如表 7.4 所示，由于大量错误标注负样本引起的人工测评和自动化测评巨大的结果差异，在数据集 A-NYT 上得到了明显的缓解。因此，A-NYT 是更准确的关系抽取数据集。

---

① 在数据集 NYT-10 上两个方法的 PR 曲线来自文献 [58]，在数据集 A-NYT 上的 PR 曲线来自于本章对两个方法的实现版本。

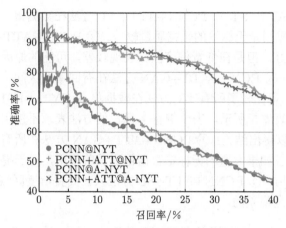

图 7.3　A-NYT 数据集效果验证

表 7.4　PCNN+ATT 模型在数据集 NYT-10 和数据集 A-NYT 上的结果

评价方式	P@100/%	P@200/%	P@300/%
自动测评 @NYT	76.2	73.1	67.4
人工测评 @NYT	96.0(+19.8)	95.5(+22.4)	91.0(+23.6)
自动测评 @A-NYT	93.0	89.5	88.0
人工测评 @A-NYT	96.0(+3.0)	92.5(+3.0)	90.7(+2.7)

其次，本章验证了 GAN 驱动的半监督关系抽取模型的有效性。图 7.4 展示了 4 种半监督关系抽取在数据集 A-NYT 上的 PR 曲线，从图中可以得出如下结

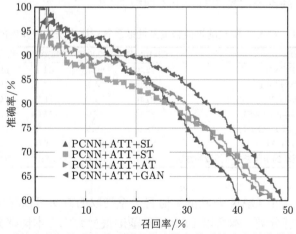

图 7.4　GAN 驱动的半监督关系抽取及其对比半监督关系抽取方法在数据集 A-NYT 上的
PR 曲线

论：① PCNN+ATT+ST 和 PCNN+ATT+AT 方法在数据集 A-NYT 上表现并
不理想，可能的原因是无标签的数据质量较差；② PCNN+ATT+SL 方法在高置
信度区域表现良好，但是在低置信度区域表现较差，可能的原因是该方法容易收
敛到局部最优解；③ PCNN+ATT+GAN 方法在召回率全区间上都表现出优秀的
精确率。此外，本章比较了所有比对方法在数据集 A-NYT 上的 P@N 值和 PR 曲
线面积，结果如表 7.5 所示，表中带有 ‡ 标记的方法表示不使用无标签数据。同
样从表 7.5 中可以得出结论：① PCNN+ATT+GAN 方法在所有指标上均获得最
好的结果，证明了如果大量的无标签数据得到妥善使用，对于提高关系抽取的精
确率有积极的作用；② PCNN+ATT+SL 方法只在高置信度区域表现良好，全局
的 PR 曲线面积是最差的。

表 7.5　所有比对方法在数据集 A-NYT 上的结果

测评方法	P@100/%	P@200/%	P@300/%	均值/%	PR 曲线面积
PCNN‡	91.0	88.5	87.6	89.0	0.513
PCNN+ATT‡	93.0	89.5	88.0	88.2	0.513
PCNN+ATT+DSGAN‡	90.0	91.0	88.3	89.8	0.524
STPRE‡	93.0	93.5	91.3	92.6	0.503
PCNN+ATT+SL	**96.0**	93.0	90.6	93.2	0.466
PCNN+ATT+ST	92.0	88.0	85.3	88.4	0.519
PCNN+ATT+AT	95.0	92.0	88.6	91.9	0.526
PCNN+ATT+GAN	**96.0**	**93.5**	**93.0**	**94.2**	**0.558**

综合两方面的提高，本章在表 7.6 中给出了模型在远程监督关系抽取任务中
总体效果的比较。GAN 驱动的半监督关系抽取的方法在数据集 NYT-10 上取得
了远比其他模型高得多的精确率和 PR 曲线面积。

表 7.6　GAN 驱动的半监督关系抽取及其对比方法的整体性能比较

测评方法	P@100/%	P@200/%	P@300/%	均值/%	PR 曲线面积
PCNN	72.3	69.7	64.1	68.7	0.33
PCNN+ATT	76.2	73.1	67.4	72.2	0.35
PCNN+ATT+AT	81.0	74.5	71.7	75.7	0.34
PCNN+ATT+SL	87.0	84.5	77.0	82.8	0.34
PCNN+ATT+DSGAN	78.0	75.5	72.3	75.3	0.35
STPRE	87.0	83.0	78.0	82.7	0.39
本章提出的 GAN 驱动的半监督关系抽取的方法	**96.0**	**93.5**	**93.0**	**94.2**	**0.56**

最后本章证明了 GAN 驱动的半监督关系抽取的方法可以泛化到其他半监督
任务，如文本情感分类。本章以 LSTM 为基础模型完成文本情感分类的任务。本
章提出的 GAN 驱动的半监督关系抽取的方法是模型独立，可以集成不同的底层
特征提取模型。最终结果如表 7.7 所示。① 自训练（ST）的方法获得了比 LSTM

模型还要差的效果，这表示该方法无法正确使用无标签数据。② 对抗训练（AT）的方法能在 3 个数据集上提升情感分类的效果，在其他数据集上表现较差。这表示该方法较依赖无标签数据的质量。③ LSTM+GAN 在几乎所有的数据集上都获得了较好效果，说明 GAN 驱动的半监督关系抽取的方法除了能够成功应用在关系抽取任务中，同样能够泛化到其他半监督的自然语言处理任务中。

表 7.7　GAN 驱动的半监督关系抽取的方法在情感分类任务上的效果

数据集	LSTM	LSTM+ST	LSTM+AT	**LSTM+GAN**
Books	79.5	75.8	**80.5**	80.3
Elec.	80.5	77.5	**84.1**	81.5
DVD	81.7	75.8	78.6	**82.0**
Kitchen	78.0	79.3	**81.7**	81.3
Apparel	83.2	83.5	84.8	**85.2**
Camera	85.2	84.3	86.1	**86.8**
Health	84.5	84.4	81.7	**86.2**
Music	76.7	76.0	76.0	**80.3**
Toys	83.2	79.8	83.7	**84.8**
Video	81.5	79.7	80.4	**83.0**
Baby	84.7	84.3	83.0	**85.3**
Mag.	89.2	85.3	89.0	**89.5**
Soft.	84.7	84.1	83.3	**85.1**
Sports	81.7	79.8	82.3	**82.5**
IMDB	81.7	78.3	82.5	**82.8**
MR	72.7	71.8	72.3	**73.5**
均值	81.8	80.0	81.9	**83.1**

7.5.3　基于主动学习的无偏测评方法相关实验

本节介绍基于主动学习的无偏测评方法的实际效果，分三个主要部分：对比方法、测评效果和测评应用。

（1）对比方法。本节实现了 3 种测评方法，分别是自动测评、人工测评和基于主动学习的无偏测评。自动化测评是远程监督关系抽取工作中广泛使用的测评方法。同时，本章选取 PCNN+ATT [58] 模型作为基础评估模型，评估该模型在三种测评方法下的效果，比对基于主动学习的无偏测评是否比自动化测评更接近人工测评的结果。

（2）测评效果。首先，本章评估了 PCNN+ATT 模型在三种测评方法下的表现。该方法在数据集 NYT-19 上的 PR 曲线见图 7.5，在数据集 NYT-10 上的 P@N 值见表 7.8。由于人工测评方法中 PR 曲线的绘制需要大量的标注数据，因此本章利用随机采样构成的数据集 NYT-19 的 PR 曲线结果近似评估人工测评方法在数据集 NYT-10 上的结果。从表 7.8 中可以看出，基于主动学习的无偏测评削减了测试集中的大量错误标注数据导致的自动化测评与人工测评结果之间的巨大偏差。自动化测评相比，基于主动学习的无偏测评能够更接近人工测评的效果。此外，通过图 7.5 可以看出：① 人工测评方法和自动化测评方法对于同一关系抽取模型的评估结果有着巨大的差异；② 基于主动学习的无偏测评方法在使用更少的人力资源的情况下更接近人工测评的结果。为了衡量两个曲线之间的距离，本章在召回率 [0，1.0] 区间内等距离采样了 20 个点，对每条曲线取出该点对应的精确率值构成一个向量。通过计算向量之间的欧氏距离来得到曲线距离值。在这种情况下，基于主动学习的无偏测评方法得到的曲线到人工标注曲线的距离为0.17。相比之下，自动测评方法得到了 0.72 的距离。

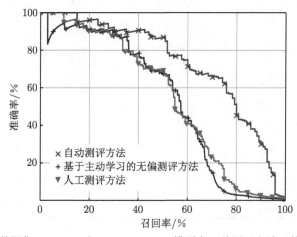

图 7.5　数据集 NYT-19 上 PCNN+ATT 模型在三种测评方法下的 PR 曲线

表 7.8　数据集 NYT-10 上 PCNN+ATT 方法在三种测评方法下的 P@N 值

测评方法	P@100/%	P@200/%	P@300/%	均值/%
自动测评	83.0	77.0	69.0	76.3
基于主动学习的无偏测评	91.2	88.4	83.4	87.7
人工测评	93.0	92.5	91.0	92.2

　　为了进一步说明方法的性能，本章还以 BGRU+ATT 为基准模型进行了又一次测评。结果如表 7.9 和图 7.6 所示。

表 7.9　数据集 NYT-10 上 BGRU+ATT 方法在三种测评方法下的 P@N 值

测评方法	P@100/%	P@200/%	P@300/%	均值/%
自动测评	82	78.5	74.3	78.3
基于主动学习的无偏测评	95.2	90.1	87.1	90.8
人工测评	98	96	95	96.3

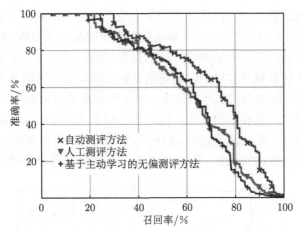

图 7.6　数据集 NYT-19 上 BGRU+ATT 方法在三种测评方法下的 PR 曲线

以 BGRU+ATT 为基础模型，基于主动学习的测评方法得到了人工标注曲线的距离为 0.15，相比之下，自动测评方法得到了 0.55 的距离。这个结果同样验证了前述观点。

其次，本章比较基于主动学习的无偏测评方法中不同审核策略的差异。图 7.7 主要比较了最大预期变化审核（maximum expected model change，MEMC）策略与随机审核策略。显而易见，基于 MEMC 的审核策略更接近人工测评的结果，远好于随机审核策略的效果。同时，随机审核策略下的测评方法需要更多轮迭代才能够获得较准确的测评效果。因此，相比于随机审核策略，最大预期变化的审核策略不仅能够更接近人工测评结果还能够节省大量的人工标注工作。

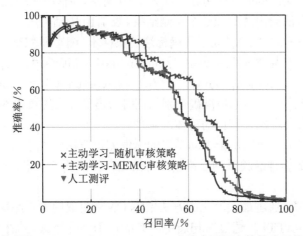

图 7.7　数据集 NYT-19 上 PCNN+ATT 方法在不同审核策略下的 PR 曲线

　　然后，本章记录了在不同迭代次数下主动学习的无偏测评方法与人工测评之间的距离变化，结果如图 7.8 所示。曲线结果表明在标注预算内，随着标注数量越来越多，基于主动学习的无偏测评方法所得到的测评结果与人工测评的结果越来越接近。而当标注数量变多以后，距离值开始出现波动。这也基本符合预期。当标注数量较少时，随着迭代次数的增多，模型可以从更多的标注数据中学到知识，修正其对错误标注的负样本的认识，因此评估结果快速接近人工测评的结果。但是当标注数量超过一定的阈值之后，模型再有明显提高就需要越来越多的标注量，此时测评结果出现波动的现象。这也就是选择当前标注预算的原因。

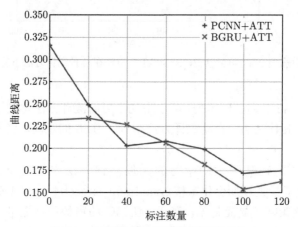

图 7.8　　不同迭代次数下曲线距离变化

　　最后，本章挑选数据集 NYT-10 里的关系实例来说明基于主动学习的无偏测评方法是更加真实准确的测评方法。如表 7.10 所示，所有实际关系样本都挑选自 PCNN+ATT 方法给出的前 300 个预测结果。表 7.10 中括号内为实体词，"FN" 表示错误标注的负样本，"TN" 表示正确标注的负样本，缩写词 "PN"、"LC"、"AC"、"PC" 和 "NA" 分别表示关系类型 "/person/nationality"、"/location/contain"、"/administrative_division/country"、"/person/company" 和 "non-relation"。显而易见，错误标注的负样本被准确识别的同时，正确标注的负样本没有受到影响，最终提升了关系抽取模型测评的整体准确性。

　　（3）测评应用。使用基于主动学习的无偏测评方法，本章重新评估了应用远程监督的 8 种最新神经关系抽取模型，并给出其性能测评结果。8 个模型分别如下所示。

　　① PCNN[180] 通过最大池化的方法聚集 CNN 提取的关系底层特征。

　　② PCNN+ATT[58] 通过对句袋中所有的句子进行注意力加权的方法，聚集 CNN 提取的关系底层特征，形成句袋的关系表示向量。

表 7.10　数据集 NYT-10 中错误标注负样本实例

正/误标注负样本	句子实例	实际标签	预测标签	置信度
FN	He renewed that call four years ago in a document jointly written with [Ami Ayalon], a former chief of [Israel]'s shin bet security agency and a leader of the labor party.	PN	PN	1.0（审核数据）
	But, if so, you probably would not be familiar with the town of [Ramapo] in [Rockland County].	LC	LC	0.842
	Mr. Voulgaris lives in oyster bay but has summered on shelter island since he was a child growing up in [Huntington] in western [Suffolk County].	LC	LC	0.837
TN	His visit opened a new level of debate in [Israel] about the possibility of negotiations with the Syrian president, [Bashar Al-Assad].	NA	PN	0.0（审核数据）
	They are in the united states, the [United Kingdom] and [Canada], among other places, but not in the Jewish settlements of the west bank.	NA	AC	0.0
	Mr. Spielberg and Stacey Snider, the former [Universal Pictures] studio chairman who joined [DreamWorks] last year as chief executive, have sole authority to greenlight films that cost $ 85 million or less.	NA	PC	0.088

③ PCNN+ATT+SL[187] 在 PCNN+ATT 方法的基础上集成了软标签（solf label，SL）生成模块，将训练数据的标签替换成动态生成的软件标签。很显然，该方法的效果高度依赖关系标签生成器，而关系标签生成器又通过同样的数据训练，因此该模型较易收敛到局部最优解。其表现是高置信度的预测结果非常准确，而全局预测结果较差。

④ PCNN+ATT+RL[189] 在 PCNN+ATT 的基础上使用强化学习的方法选择更准确的训练集。该模型资源消耗极大，并且较易过拟合。

⑤ PCNN+ATT+DSGAN[235] 在 PCNN+ATT 的基础上使用 GAN 的方法选择更准确的训练集。该模型资源消耗较大，并且训练过程不稳定。

⑥ BGRU 通过最大池化的方法聚集 RNN 提取的关系底层特征。凭借其超强的序列特征拟合能力，该模型被广泛地应用于自然语言处理任务。

⑦ BGRU+ATT 通过对句袋中所有的句子进行注意力加权的方法，聚集循环神经网络提取的关系底层特征，形成句袋的关系表示向量。

⑧ STPRE[224] 扩展了 BGRU 方法，在通过依存语法树对原始输入句子进行剪枝的基础上集成了基于实体类型的迁移学习解决方法。该方法对于小规模关系抽取效果较好，但是受限于语法剪枝模式的限制，在大规模关系抽取上表现较差。

通过表 7.11 和图 7.9 展示的重新测评结果，本章得出如下结论：① 以上模型在高置信度区域基本获得了原始文章中声称的结果，但是个别模型在召回率全区间上表现出的关系抽取能力并不理想；② 句袋内句子级别的注意力机制在高置信度的预测关系上表现良好，但是在整体的关系抽取效果上收效甚微；③ 基于软标签的关系抽取方法同样过度拟合了高置信度的关系预测，甚至牺牲了整体的关系抽取效果；④ 尽管那些使用了强化学习技术的关系抽取模型能够在自动化测评方法中表现优秀（原因是通过测试集合的指导选择合适的训练数据能够帮助更好的拟合测试集合上的指标），但是因为测试集本身包含了大量的噪声，导致这两类方法的优化目标存在很大的偏差，很难获得令人满意的关系抽取实际效果；⑤ BGRU 和 SBTRE 方法在关系抽取任务上表现比较稳定，STPRE 经过优化之后在高置信度的关系预测上十分有效，而 BGRU 显然是更令人信服的底层关系特征提取工具。

表 7.11   在数据集 NYT-10 上使用基于主动学习的无偏测试方法重新评估关系抽取模型的结果

方法	P@100/%	P@200/%	P@300/%
PCNN	88.0	85.1	82.3
PCNN+ATT	91.2	88.9	83.8
PCNN+ATT+SL	94.0	89.0	87.0
PCNN+ATT+RL	88.8	86.2	84.8
PCNN+ATT+DSGAN	87.0	83.8	80.8
BGRU	94.4	89.5	84.7
BGRU+ATT	95.1	90.1	87.1
STPRE	**95.7**	**93.4**	**89.9**

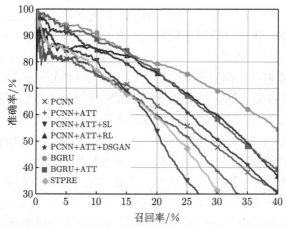

图 7.9   数据集 NYT-10 上 8 种神经关系抽取方法在基于主动学习的无偏测评方法下的 PR 曲线

7.6 本 章 小 结

本章探索了关系抽取工作中的前沿模型，包括 GAN 驱动的半远程监督关系抽取框架和基于主动学习的无偏测评方法。本章首先提出了前人鲜有关注的错误标注负样本问题，并分析了该问题对于关系抽取模型训练和测试的深远影响。在远程监督的关系抽取任务中，自动化构建的数据集通常包含大量的错误标注负样本，这些负样本会误导关系抽取模型的训练方向并给出错误的效果测评。因此，本章首先提出了 GAN 驱动的半远程监督关系抽取框架。在该框架中，首先利用实体描述信息去除大量的疑似错误标注负样本；继而使用更准确的有标签数据和大量的无标签数据，利用基于 GAN 的三玩家博弈游戏生成无标签数据的关系表示，进而获得更好的关系抽取结果。除此之外，本章提出了从本质上解决远程监督关系抽取任务测评不准确问题的方法——基于主动学习的无偏关系抽取测评方法。该方法利用小部分人工审核的数据和大量自动化标注的数据，通过主动学习的方法实现接近人工测评方法的效果，最终本章使用该测评方法重新测评了最近发表的8 种神经关系抽取模型[①]。

思 考 题

1. 除了 GAN，还有哪些方法能够为无标签数据生成准确的标签？

2. 思考是否能够将识别错误标注的负样例与训练关系抽取模型结合起来，一起训练。

3. 探索将 GAN 的更多改进模型应用到关系抽取任务中。

4. 如何协同解决训练集和测试集中的错误标注的负样例问题。

---

① 本章的工作已经收录于国际会议 NAACL 2019（GAN Driven Semi-distant Supervision for Relation Extraction），以及国际会议 EMNLP 2020（Active Testing: An Unbiased Evaluation Method for Distantly Supervised Relation Extraction）。

第 8 章　弹幕视频标签提取

8.1　概　　述

相比于传统评论, 弹幕评论具有短文本、实时性、上下文相关、高噪声等特点, 这使得基于上下文无关的传统评论的语义分析方法在处理弹幕评论时效果不尽如人意。具体来说, 弹幕短文本的性质使得在分析长文本时常用的 "文档-单词" 矩阵非常稀疏, 从而导致主题模型等方法提取的语义特征不够充分。弹幕的实时性、交互性特点使得依赖于文本独立性假设的模型表现不佳。因此, 如何合理地利用弹幕的独特性质, 从而建立适用于弹幕评论的语义分析方法, 意义重大。事实上, 由于弹幕具有上下文相关性, 研究者可以基于弹幕评论的语义相似度, 建立对应的语义关系图, 从而分析每条弹幕的所属话题及其在话题中的重要程度。基于该思路, 本章将研究基于图模型与无监督学习的弹幕语义分析方法及其在视频标签提取中的应用。

视频标签通常由能描述视频核心内容的关键词组成, 这些标签为视频检索提供了巨大的便利。传统的视频标签由视频上传者或者视频网站管理者人工标注, 然而这需要花费巨大的人力用于标签标注。近年来, 随着在线视频数量的急剧增加, 越来越多的学者致力于标签的自动提取技术, 以减少人工劳动力[236,237]。现有的人工标注方法, 大多从用户评论中提取关键词。然而, 用户评论通常是针对完整视频的概括性评论, 因而从中抽取的视频标签也仅为全局性标签, 难以得到局部的、细致的标签。

弹幕评论的出现改变了这一局面。具体来说, 由于每条弹幕评论包含一个时间戳, 该时间戳记录着弹幕发布时对应的视频时间。因此, 与传统视频评论相比, 弹幕更加容易获得带有时间节点的局部标签, 而不是全局标签。此外, 由于弹幕评论比传统评论更具个性化, 因此由弹幕评论生成的标签可以更好地反映用户的观点, 从而使得用户在搜索带有这些标签的视频时可以获得更高质量的检索结果。

为了充分地利用弹幕特性从而精确地分析弹幕语义, 本章提出了一种基于图的无监督学习语义分析算法, 称为语义权重逆文档频率 (semantic weight-inverse document frequency, SW-IDF)。更准确地说, 本章设计一种基于弹幕评论语义相似与时间相关性的图聚类算法来减少噪声的影响, 并通过它们在图中的语义关系来识别具有高影响力的弹幕评论。直观地讲, 包含视频标签的弹幕评论通常是热门话题，并且会影响其后续弹幕评论的讨论趋势。相反，噪声通常既不会在一段时间内与其他弹幕评论具有相似的语义关系，也不会影响其他弹幕评论的讨论方向 [68]。此外，研究发现弹幕评论的密度（单位时间的弹幕评论数量）会影响用户的交流方式。当密度较低时（一段时间内的评论稀疏），用户可以更清楚地区分每条弹幕的内容，因此，用户在发布新的弹幕时更可能回复特定、具体的弹幕。而当密度较高时（一段时间中的弹幕密集），用户无法清楚地区分每个时间同步评论（弹幕评论）（time-sync comments，TSC）的内容，只能大致区分这些 TSC 的主题。因此，用户更有可能回答整个主题，而不是特定的弹幕。具体来说，在 SW-IDF 算法中，本章首先将每条弹幕评论视为顶点，其次根据弹幕的语义相似性和时间戳间隔生成语义关联图（semantic attention graph，SAG）。然后，本章将弹幕评论通过图聚类的方式划分为不同的主题。对于具有低密度弹幕的视频，本章提出一种基于对话（dialogue-based）的聚类算法，该算法受社区检测理论 [238-240] 的启发。对于具有高密度弹幕的视频，本章提出一种基于主题中心（topic center-based）的聚类算法，该算法是一种新颖的层次聚类 [102-104]。在任何情况下，这两种聚类算法都可以识别每个弹幕的主题并区分每个主题的受欢迎程度。在聚类子图中，每条弹幕的入度表示其影响的弹幕，而出度表示其受影响的弹幕。因此，本章设计一种图形迭代算法，根据每条弹幕的影响力分配权重，以便将有意义的弹幕与噪声区分开。此外，类似于 TF-IDF 算法，本章通过组合语义权重和逆文档频率来获得每个单词的权重，并自动提取视频标签。

实验部分使用当今热门的弹幕视频共享网站 AcFun 与 bilibili 上的真实数据集评估了本章提出的算法，并将结果与经典关键词提取方法进行了比较。大量实验表明，SW-IDF（dialogue-based）在高密度注释中 F_1 分数为 0.4210，MAP（平均精度）为 0.4932，在低密度注释中 F_1 分数为 0.4267，MAP 为 0.3623；而 SW-IDF（topic center-based）在高密度注释中 F_1 分数为 0.4444，MAP 为 0.5122，在低密度注释中 F_1 分数为 0.4207，MAP 为 0.3522。结果表明，SW-IDF 算法在视频标签提取的精度和 F_1 分数方面均优于基线。

8.2 语义关系图的构建与图聚类算法

本节将首先介绍语义关系图的构建，然后提出两种适用于不同弹幕密度的图聚类算法，最后给出上述两种图聚类算法的时间复杂度分析。

8.2.1 语义关系图的构建

众所周知，弹幕评论按时间顺序出现，所以每条评论只能影响其后续评论，而无法影响已经发出的前序评论。基于此，本节使用有向图来描述弹幕评论之间的关系，并构造 SAG。

在 SAG 中，弹幕被作为图的顶点，而边权反映了它们在同一主题下的语义关系强弱。假设 $G = (V, E)$ 表示有向图，其中 V 与 E 是节点和边的集合。具体来说，$V = \{v_1, v_2, \cdots, v_N\}$，$E = \{e_1, e_2, \cdots, e_M\}$，其中 N 是 V 中的节点数，M 是 E 中的边数。对于每条弹幕 i，都有一个对应的时间戳 t_i，表示其在视频中发表的时间，其中 $t_{v_1} < t_{v_2} < \cdots < t_{v_N}$。由于弹幕是短文本，在设计算法过程中，可以合理假设每条弹幕评论有且仅有一个确切的主题。对于顶点 v_i，$v_i.S$ 表示包含与 v_i 具有相同主题的顶点的集合，而 $|S|$ 用于表示集合 S 中的顶点数。对于边 e_k，$e_k.x$ 和 $e_k.y$ 是由边 e_k 连接的两个顶点，其中 $t_{e_k.x} < t_{e_k.y}$。第 i 条边的权重被描述为 $e_i.w$。此外，$e_{u,v}$ 用于描述顶点为 u 和 v 的边，其中 $t_u < t_v$。

Word2Vec 可以用于计算每对弹幕之间的语义相似度。由于本节更关注弹幕的主题而非单词顺序，因此将每条弹幕中所有词向量取平均值作为句向量。语义向量的维数设置为 d，弹幕 a 和 b 之间的语义相似度通过计算余弦角来得出

$$\mathrm{Sim}(a, b) = \frac{\vec{a} \cdot \vec{b}}{|\vec{a}||\vec{b}|} \tag{8.2.1}$$

此外，两条弹幕之间的时间戳间隔越大，它们在同一主题中的可能性就越小。弹幕关联的衰减可以用指数函数来表示：

$$\mathrm{Delay}(a, b) = \exp^{-\gamma_t \cdot (t_b - t_a)} \tag{8.2.2}$$

式中，γ_t 是控制衰减速度的超参数。

结合语义相似性和时间衰减函数，连接顶点 u 和 v 的边 i 的权重可以定义为

$$e_{i.w} = \begin{cases} \mathrm{Sim}(u, v) \cdot \mathrm{Delay}(u, v), & t_u < t_v \\ 0, & t_u > t_v \end{cases} \tag{8.2.3}$$

根据经验可知，具有负边权的两条弹幕在语义上联系较少（因为它们在 Word2Vec 的语义嵌入空间中的角度大于 $\pi/2$），并且负权重在图算法中难以计算。因此，当 $e_{u,v}.w < 0$ 时，可以设置 $e_{u,v}.w = 0$ 并删除该边。

为了更直观地描述语义关联图建图过程，图 8.1（a）展示了一个构建的示例。该示例选自一场欧洲冠军联赛的视频，并从中选取了其中的 10 条弹幕评论作为节点来构建语义关联图。在示例中，用户 A 在看到梅西的进球后首先发布了弹幕 ①"伟大的梅西！"。紧接着，用户 B 回复了他弹幕 ③"梅西无愧 MVP！"。与此同时，用户 C 发出了弹幕 ②"求 bgm"来向其他用户询问该视频的背景音乐名字，而该弹幕与视频内容无关。因此，弹幕 ② 与其周围的弹幕有着较小的语义相关性，而弹幕 ① 与弹幕 ③ 则在语义上存在边的关系。

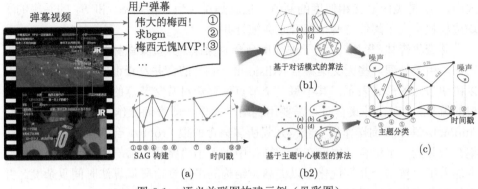

图 8.1 语义关联图构建示例（见彩图）

8.2.2 基于图聚类算法的弹幕主题划分

本节将根据 SAG 中的语义关系来划分每条弹幕的主题。由于具有相似语义和近似时间戳的弹幕应该属于同一个主题。然而，弹幕评论的密度（单位时间内用户发出弹幕的数量）影响用户的交流方式。因此，本节提出一种针对弹幕密度稀疏情况的基于对话模型的图聚类算法和一种针对弹幕密度稠密的基于主题中心模型的图聚类算法。

1. 基于对话模型的图聚类算法

当弹幕密度较低时，用户可以更清楚地区分其附近每条弹幕的内容，用户在发布新的弹幕时更有可能回复特定的前序弹幕。因此，本章根据每对弹幕之间的语义关系对所有弹幕进行聚类。其主要思想是主题内语义边的平均权重较大，而连接不同主题的语义边的平均权重较小，这一思想满足了社区检测理论[241]。

具体来说，初始时，每条弹幕都属于仅含自己的唯一主题，可以表示为仅包含自身的集合。也就是说，对于 v_i，有 $v_i.S = \{i\}$。之后将边集 E 中的所有边按边权大小降序排列，可以得到新的有序边集 $E' = \{e'_1, e'_2, \cdots, e'_k, \cdots, e'_M\}$，其中 $e'_1.w > e'_2.w > \cdots > e'_M.w$。对于边 e'_k，S_1 与 S_2 表示集合 $e'_k.x.S$ 和 $e'_k.y.S$。

当且仅当集合 S_1 与集合 S_2 中的弹幕讨论相似主题时，两个集合应该被合并。因此，集合合并的条件可以被抽象为

$$S_1 \neq S_2 \tag{8.2.4}$$

与

$$\frac{\sum\limits_{e_p.x, e_p.y \in S_1 \cup S_2} e_p.w}{(|S_1 \cup S_2|) \cdot (|S_1 \cup S_2| - 1)/2} > \rho_d \tag{8.2.5}$$

式中，ρ_d 是类内语义相似度的阈值。也就是说，当且仅当 S_1 和 S_2 的并集的平均边权权重大于阈值时两个集合才会被合并。

并查集森林[242-244] 可用于进行集合合并操作。并查集森林是一种树型的数据结构，用于处理一些无交集集合（disjoint sets）的合并及查询问题。每一个集合以树中节点的形式表示，其中每一个节点保存着对其父节点的引用（即所属集合根的编号）。在合并集合时，需要用到两个操作，即查询操作 (find) 和合并操作 (union)。其中查询操作用于获得元素所属集合的根（root），合并操作用于将两个集合合并为一个集合。本章在查询操作中加入了"路径压缩"优化，在合并操作中加入了"按秩合并"优化，以提高树结构的平衡性，降低算法时间复杂度。并查集森林查找算法详见算法 8.1，并查集森林合并算法见算法 8.2。

算法 8.1 并查集森林查找算法

输入 元素 x

输出 x 所属集合

1: **function** FIND(x)
2:     **if** x.parent != x **then**
3:         x.parent ← FIND(x.parent)
4:     **end if**
5:     **return** x.parent
6: **end function**

当语义关联中所有的边都被处理过时，语义相似度高的弹幕被合并到一个主题中，并且保证了每个主题对应的子图的类内语义相似度都高于阈值。

图 8.1（b1）的例子展示了基于对话模型的聚类算法的聚类过程。在图 8.1（a）中构建的 SAG 最终被划分为 2 个主题，并分别在图 8.1（c）中被标注为红色和蓝色，而一些孤立的噪声节点则被标注为紫色。弹幕"伟大的梅西！"和"梅西无愧 MVP！"均属于红色标记的主题，而弹幕"求 bgm"则被标记为噪声。

基于对话模型的图聚类算法详见算法 8.3。

2. 基于主题中心模型的图聚类算法

上述基于对话的算法中假设弹幕评论是对话的形式。然而，当弹幕密度较高时，用户无法清楚地区分每条弹幕的内容，只能粗略地区分这些弹幕讨论的主题。因此，用户更有可能针对讨论的主题进行回复，而不是回复指定的前序弹幕。在这种情况下，基于对话的模型会受严重干扰。因此，本章提供一种新的思路，即一个基于主题中心的聚类算法，该算法由层次聚类算法[103,104,106,245] 启发而来。

算法 8.2 并查集森林合并算法

输入 不相交集合 S_1, S_2

输出 合并集合

1: **function** UNION(S_1, S_2)
2:     xRoot $\leftarrow$ FIND(S_1)
3:     yRoot $\leftarrow$ FIND(S_2)
4:     **if** xRoot $==$ yRoot **then**
5:         **return**
6:     **end if**
7:     **if** xRoot.rank $<$ yRoot.rank **then**
8:         xRoot.parent $\leftarrow$ yRoot
9:     **else if** xRoot.rank $>$ yRoot.rank **then**
10:         yRoot.parent $\leftarrow$ xRoot
11:     **else**
12:         yRoot.parent $\leftarrow$ xRoot
13:         xRoot.rank $\leftarrow$ xRoot.rank $+ 1$
14:     **end if**
15:     **return**
16: **end function**

算法 8.3 基于对话模型的图聚类算法

输入 边集 E

输出 每条弹幕的话题集合类别

1: 将边集 E 按边权 $e_i.w$ 降序排列, 得到有序集合 E'
2: **for** $i = 1$ to M **do**
3:     $S_1 \leftarrow e_i'.x.S$
4:     $S_2 \leftarrow e_i'.y.S$
5:     **if** $\dfrac{\sum\limits_{e_p.x, e_p.y \in S_1 \cup S_2} e_p.w}{(|S_1| + |S_2|) \cdot (|S_1| + |S_2| - 1)/2} > \rho_d$ **then**
6:         UNION(S_1, S_2)
7:     **end if**
8: **end for**

在提出层次聚类算法之前, 首先给出了主题中心的定义。如 8.2.1 节中定义的, 弹幕的主题用集合来描述, 并且每条弹幕可以用 Word2Vec 表示为词向量。主

题中心正是主题集合内所有弹幕词向量的平均。$S.$center 表示主题中心向量，$S.$st 和 $S.$ct 分别表示主题集合 S 的起始时间与中心时间。初始时，每一条弹幕属于一个仅包含自己的集合，即 $v_i.S.$center $=$ vec$_i$，$v_i.S.$st $= v_i.S.$ct $= t_i$。其中 vec$_i$ 是第 i 条弹幕的句向量，ST 表示所有集合的全集。

整体来说，层次聚类方法分为两步：① 找到主题中心最相近的两个话题集合。② 合并两个集合的主题中心。本章讨论的问题可以被抽象为一个经典问题：最邻近搜索[246,247]（nearest neighbor search，NNS）问题。采用 k-d 树这种数据结构进行优化[246,248,249] 是该问题中最有效的一种解决方法。然而，对二叉搜索树的分析发现[250]，在含有 N 个节点的 k 维 k-d 树中，最坏情况下的范围搜索时间复杂度为 $t_{\text{worst}} = O(k \cdot N^{1-\frac{1}{k}})$。

由于语义向量维度 k 的设定一般会比较大，k-d 的时间复杂度将高到无法接受。在这种情况下，本章提出一种近似的贪婪算法来有效地解决该问题。初始时，对于每个 $S_i \in$ ST，寻找一个对应的 $S_j \in$ ST 满足：

$$S_j = \underset{j}{\text{argmax}}\,\text{Affinity}(S_i, S_j) \tag{8.2.6}$$

式中

$$\text{Affinity}(S_i, S_j) = \text{Sim}(S_i.\text{center}, S_j.\text{center}) \cdot \exp^{-\gamma_t \cdot (|S_j.\text{ct} - S_i.\text{st}|)} \tag{8.2.7}$$

这里仍采用与 8.2.2 节相同的时间衰减函数，以避免合并时间间隔较大的主题。

本章使用 match$_i$ 来表示与 S_i 最匹配集合，这些集合有着最大的 Affinity(S_i, match$_i$) 值，记为 maxval$_i$。集合对 (S_i, match$_i$) 将被添加到优先队列 AffQ 中。在该队列中，有着最大 maxval$_k$ 值的集合对 (S_k, match$_k$) 将出现在队首。

对于每次遍历，模型首先从队首取出集合对 (S_i, S_j)，合并集合 S_i 与 S_j，再将该集合对从队列中弹出，直到队首的 Affinity(S_i, S_j) $< \rho_c$。在合并集合时，算法同时做出以下更新：首先，由于 S_i 和 S_j 合并，所有包含 S_i 或 S_j 的集合对（如 (S_i, S_u)）将从 AffQ 队列删除。其次，将之前与 S_i 或 S_j 有匹配关系的集合（如 S_u）添加到一个待更新列表 Ulist 中。然后，将集合 S_i 与 S_j 从全集 ST 中删除，并将合并后的新集合 S_v 分别添加到全集 ST 与待更新列表 UList 中。新集合 S_v 由如下公式得到：

$$S_v.\text{center} = \frac{S_i.\text{center} \cdot |S_i| + S_j.\text{center} \cdot |S_j|}{|S_i| + |S_j|} \tag{8.2.8}$$

$$S_v.\text{st} = \min(S_i.\text{st}, S_j.\text{st}) \tag{8.2.9}$$

$$S_v.\text{ct} = \frac{S_i.\text{ct} \cdot |S_i| + S_j.\text{ct} \cdot |S_j|}{|S_i| + |S_j|} \tag{8.2.10}$$

也就是说，S_v 的中心时间与中心向量由集合 S_i 与 S_j 加权平均得到。最后，对于待更新列表 Ulist 中的每个集合，将再次按照式 (8.2.6) 为其匹配一个新的集合，并重新组成集合对。

进一步的分析可得，本节提出的基于主题中心模型的图聚类算法还存在一个贪婪优化。在给出贪婪优化之前，本章首先给出以下定义。

定义 8.1 对于集合 S_i，设 $\text{match}_i = S_j$，则当 $\text{Affinity}(S_i, S_j) < \text{maxval}_j$ 时，集合对 (S_i, S_j) 在优先队列中永远不会被遍历。

证明 由 $\text{Affinity}(S_i, S_j) < \text{maxval}_j$，可得 $\text{match}_j = S_k \neq S_i$，并且 $\text{Affinity}(S_i, S_j) < \text{Affinity}(S_j, S_k)$。下面分两种情况进行讨论。

Case i: 当 $\text{match}_k = S_j$ 时。因为 $\text{Affinity}(S_i, S_j) < \text{Affinity}(S_j, S_k)$，所以在优先队列 $\text{Aff}Q$ 中，集合对 (S_j, S_k) 将会先于 (S_i, S_j) 被遍历。因此，集合对 (S_i, S_j) 将会在遍历 (S_j, S_k) 时被从队列 $\text{Aff}Q$ 中删除。

Case ii: 当 $\text{match}_k = S_p \neq S_j$ 时。$\text{Affinity}(S_k, S_p) > \text{Affinity}(S_j, S_k)$（否则 $\text{match}_k = S_j$）。因此，集合对 (S_k, S_p) 将会先于 (S_j, S_k) 在优先队列 $\text{Aff}Q$ 中被遍历。当遍历 (S_k, S_p) 时，集合对 (S_j, S_k) 将会被删除，集合 S_j 将会被重新从 ST 匹配一个新集合 $\text{match}_{j'}$。当 $\text{match}_{j'} = S_i$ 时，(S_i, S_j) 被重新添加至队列 $\text{Aff}Q$，此时 $\text{Affinity}(S_i, S_j) = \text{maxval}_j$。当 $\text{match}_{j'} = S_q \neq S_i$ 时，集合对 (S_j, S_q) 将会先于 (S_i, S_j) 遍历，而 (S_i, S_j) 则会在遍历 (S_j, S_q) 时被删除。因此，集合对 (S_i, S_j) 总会被删除，永远不会被遍历。

根据定义 8.1，本章提出以下贪婪策略：对于集合 S_i，当 $\text{match}_i = S_j$ 且 $\text{Affinity}(S_i, S_j) < \text{maxval}_j$ 时，词对 (S_i, S_j) 不添加至优先队列 $\text{Aff}Q$。

基于主题中心模型的算法如图 8.1（b2）所示，该算法聚类结果与 8.2.2 节中基于对话模型的图聚类算法相同。基于主题中心模型的图聚类算法如算法 8.4 所示。

算法 8.4 基于主题中心模型的图聚类算法

输入 弹幕节点与对应时间戳

输出 每条弹幕所属的话题集合类别

1: **for** $i = 1$ to N **do**
2:     S_i.center $\leftarrow$ vec$[i]$
3:     S_i.st $\leftarrow t_i$
4:     S_i.ct $\leftarrow t_i$
5: **end for**
6: **for** $i = 1$ to N **do**
7:     利用式 (8.2.6) 匹配 $S_j = \text{match}_i$
8:     利用式 (8.2.7) 计算 maxval_i

9:　　　　**if** $(\mathrm{maxval}_j \leqslant \mathrm{maxval}_i)$ and $(\mathrm{maxval}_i > \rho_c)$ **then**

10:　　　　　　将集合对 (S_i, match_i) 加入队列 AffQ

11:　　　　**end if**

12: **end for**

13: **while** AffQ not empty **do**

14:　　　　$(S_x, S_y) \leftarrow \mathrm{AffQ.front}()$

15:　　　　删除 AffQ 中所有满足条件 (S_x, S_u) 与 (S_u, S_x) 的集合对

16:　　　　**if** $S_u \in \mathrm{ST}$ and $S_u \neq S_y$ **then**

17:　　　　　　将 S_u 添加至 $U\mathrm{list}$

18:　　　　**end if**

19:　　　　删除所有 AffQ 中满足 (S_v, S_y) 与 (S_y, S_v) 条件的集合对

20:　　　　**if** $S_v \in \mathrm{ST}$ and $S_v \neq S_x$ **then**

21:　　　　　　将 S_v 添加至 $U\mathrm{list}$

22:　　　　**end if**

23:　　　　利用式 (8.2.8) ∼ 式 (8.2.10) 计算 $S_z.\mathrm{center}$、$S_z.\mathrm{st}$ 与 $S_z.\mathrm{ct}$

24:　　　　将 S_x 与 S_y 从 ST 删除

25:　　　　将 S_z 添加至 ST 与 $U\mathrm{list}$

26:　　　　**while** $U\mathrm{list}$ not empty **do**

27:　　　　　　$S_{\mathrm{tmp}} = U\mathrm{list.front}()$

28:　　　　　　利用式 (8.2.6) 找寻 $S_{tj} = \mathrm{match}_{\mathrm{tmp}}$

29:　　　　　　利用式 (8.2.7) 计算 $\mathrm{maxval}_{\mathrm{tmp}}$

30:　　　　　　**if** $(\mathrm{maxval}_{S_{tj}} \leqslant \mathrm{maxvak}_{\mathrm{tmp}})$ and $(\mathrm{maxval}_{\mathrm{tmp}} > \rho_c)$ **then**

31:　　　　　　　　将集合对 $(S_{\mathrm{tmp}}, \mathrm{match}_{\mathrm{tmp}})$ 加入队列 AffQ

32:　　　　　　**end if**

33:　　　　**end while**

34: **end while**

8.2.3　复杂度分析

在算法 8.3 中，边排序算法在使用快速排序算法时的复杂度为 $O(M \log_2 M)$，空间复杂度为 $O(M)$。并查集算法在合并集合时的时间复杂度为 $O(\alpha(n))$ [251]，空间复杂度为 $O(N)$，其中 $\alpha(n)$ 为逆 Ackermann 函数且 $\alpha(n) < 5$。因此，整体的时间复杂度为 $O(M \log_2 M + M\alpha(N))$，空间复杂度为 $O(M + N)$。

在算法 8.4 中，集合与队列初始化部分的时间复杂度为 $O(N^2)$，空间复杂度为 $O(N)$。在优先队列中，合并操作的次数最多为 $N-1$（因为最多有 N 个集合），而平均分摊后的删除操作的次数为每词合并操作一次。对于集合的合并，查找操

作和删除操作在基于朴素算法时复杂度为 $O(N)$, 再给予平衡树优化时可以降低到 $O(\log_2 N)$ [246]。完整算法的最坏时间复杂度为 $O(N^2)$, 空间复杂度为 $O(N)$。

在本章建立的 SAG 中, 有很多弹幕之间的语义相似度余弦值为负数, 不存在边。由此可知, SAG 为非完全图, $O(M \log M + M\alpha(N)) < O(N^2)$。因此, 基于对话模型的图聚类算法有着比基于主题中心模型的图聚类算法更小的时间复杂度。

8.3 语义权重分析与标签提取

8.2 节将弹幕评论根据语义相似度建立了语义关系图, 并设计了两种图聚类算法以得到每条弹幕的所属话题类别。本节将设计一个图迭代算法, 以计算每条弹幕的影响力权重, 并最终根据权重提取视频标签。

8.3.1 基于图迭代算法的评论影响力计算

弹幕评论的影响力由其所属话题热度与其在话题内部的影响力两部分组成。对于弹幕 i, 其话题热度的计算公式为

$$P_i = \frac{|v_i.S|}{\sqrt[K]{|S_1| \cdot |S_2| \cdots |S_K|}} \tag{8.3.1}$$

式中, S_j $(j = 1, 2, \cdots, K)$ 为 SAG 中的第 j 个话题; K 为 SAG 中话题的总数。显然, 包含弹幕数量越少的话题越有可能是噪声或视频无关内容, 因此应该有较小的权重。根据式 (8.3.1), 噪声将会被分配到很小的热度权重。

在同一话题内, 影响了越来越多其后续弹幕的发表内容, 却很少受其前序弹幕内容影响的弹幕应具有更高的权重。为了定量地度量话题内弹幕的影响力, 本章设计一个全新的图迭代算法。该算法首先建立一个影响力矩阵 $\mathbb{M}_{N \times N}$ 来表示话题内部弹幕间的语义关系。矩阵内的每个元素可以表示为

$$m_{i,j} = \begin{cases} e_{i,j}.w, & v_i.S = v_j.S \\ 0, & v_i.S \neq v_j.S \end{cases} \tag{8.3.2}$$

$I_{i,k}$ 可以用于表示第 i 条弹幕在经过 k 轮迭代后的影响力值。初始时, 对于第 i 条弹幕, 有 $I_{i,0} = 1$。在每轮迭代中该算法分为两步。对于第 k 轮迭代, 有

$$I_{i,2k-1} = I_{i,2k-2} + \sum_{j=i+1}^{n} m_{i,j} \cdot I_{j,2k-1} \tag{8.3.3}$$

$$I_{i,2k} = \frac{I_{i,2k-1}}{I_{i,2k-1} + \sum_{j=1}^{i-1} m_{j,i} \cdot I_{j,2k}} \tag{8.3.4}$$

在第 $2k - 1$ 次迭代中，当前弹幕的影响力根据后续弹幕的影响力进行增加。由于弹幕有时间顺序，当前弹幕只能影响其后续弹幕，因此，算法从 v_N 到 v_1 倒叙遍历图中节点。也就是说，在遍历节点 i 时，保证已经遍历了所有满足条件 $t_j > t_i$ 的节点 j。

在第 $2k$ 次迭代中，该算法基于影响第 i 条弹幕的前序弹幕的影响力值来减少第 i 条弹幕的影响力值。与第 $2k - 1$ 次迭代相反，该算法在 $2k$ 次迭代中从 v_1 到 v_N 顺序遍历 SAG 中的弹幕节点。

图 8.1（c）中 SAG 的迭代过程如图 8.2 所示。图 8.2（a）展示了在第 $2k - 1$ 次迭代中最后遍历的两个节点（图中红色标注）的计算过程 (忽略噪声节点 I_2)，其中橙色边表示了连接其出度的边。图 8.2（b）展示了在第 $2k$ 次迭代中最后遍历的两个节点（图中红色标注）的计算过程 (忽略噪声节点 I_{10})，其中绿色边表示了连接其入度的边。

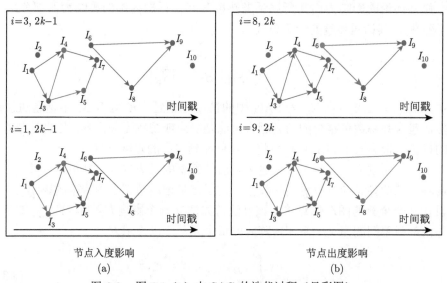

节点入度影响　　　　　　　　　　　　　　　　节点出度影响
(a)　　　　　　　　　　　　　　　　　　　　　(b)
图 8.2　图 8.1（c）中 SAG 的迭代过程（见彩图）

图 8.1（c）的最终话题内影响力收敛值如图 8.3 所示，经过 20 轮迭代，所有的弹幕节点均收敛于 [0,1] 区间内。

最终，节点话题热度与节点在话题内影响力相结合，可以得到最终的节点权重，计算公式如下：

$$W_i = P_i \cdot I_i^T \tag{8.3.5}$$

式中，T 是迭代总轮数，这取决于矩阵 $\mathrm{M}_{N \times N}$ 中非零元素的个数，将会在实验部分具体讨论。

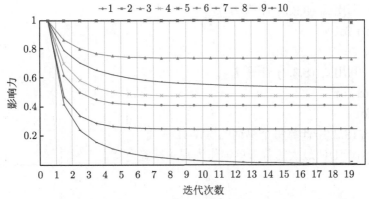

图 8.3 图 8.1(c) 的最终话题内影响力收敛值

8.3.2 视频标签提取

在获得了每条评论的权重后，模型将根据权重提取视频标签。

首先根据弹幕权重计算每个单词 i 的权重：

$$\text{SW-IDF}_i = \sum_j W_j \cdot \text{IDF}_i \tag{8.3.6}$$

式中，j 表示所有包含单词 i 的弹幕，IDF_i 表示逆文本频率指数，是关键词提取中的经典算法 TF-IDF 提出的常用指数。

本章将 SW-IDF 值最高的几个单词抽取为视频标签。经过上述步骤，在弹幕中出现的高热度、高影响的关键词将会被提取为视频标签。影响力计算与标签提取算法如算法 8.5 所示。

算法 8.5 影响力计算与标签提取算法

输入 语义关联图 SAG

输出 视频标签

1: 利用式 (8.3.10) 或算法 8.4 为弹幕节点聚类

2: 利用式 (8.3.2) 计算影响力矩阵 $\mathbb{M}_{N \times N}$

3: **for** $i = 1$ to N **do**

4:     $I_i^0 = 1$

5:     利用式 (8.3.1) 计算弹幕 i 的热度

6: **end for**

7: **for** $k = 1$ to T **do**

8:     **for** $i = N$ downto 1 **do**

9:	利用式 (8.3.3) 计算 $I_{i,2k-1}$
10:	**end for**
11:	**for** $i = 1$ to N **do**
12:	利用式 (8.3.4) 计算 $I_{i,2k}$
13:	**end for**
14:	**end for**
15:	利用式 (8.3.6) 计算每个单词的 SW-IDF 值
16:	选取 SW-IDF 最大的若干单词作为视频标签

8.4　实　　验

实验部分主要通过与若干先进的无监督关键词提取方法的比较，验证本章提出的方法的有效性。实验所用的数据集从中国热门的弹幕视频网站 AcFun 和 bili-bili 中抓取。8.4.1 节提供了算法所需的超参数，8.4.2 节分析了算法提取视频标签的性能。

8.4.1　实验参数设定与数据集构建

如前面所说，本章从中国知名的两个弹幕视频网站 AcFun 和 bilibili 抓取实验所需弹幕。由于原始的弹幕文本充满了噪声，首先手工去除非文本的弹幕（如 emoji），并建立一套网络俚语的映射规则，用它们在文本中的真实意义来代替。例如，2333 表示大笑，66666……表示很厉害。之后，需要通过开源的中文语言处理工具箱 Jieba①对原文进行中文分词，并删除弹幕中出现的异常符号（特殊符号，如笑脸 (^_^)）。为了从多角度分析算法的性能，收集到的弹幕数据被整理成两个数据集。具体来说，第一个数据集（称为 D1）从音乐、体育和电影类视频中随机收集了 287 个视频、227780 条弹幕。为了调节超参数，其中 167 个视频、126146 条弹幕被作为验证集，120 个视频、101634 条弹幕被作为测试集。第二个数据集（称为 D2）从日本动漫类视频中选取了 180 个视频、569996 条弹幕。本章用 D1 将提出的算法与基线进行比较，并使用 D2 精确地分析本章提出的两种算法在不同密度下的效果。

弹幕的密度定义为每分钟弹幕出现的平均数量。在 D2 中，密度分为 5 个级别：$0 \sim 30$、$30 \sim 60$、$60 \sim 90$、$90 \sim 120$ 和大于 120（均为左闭右开区间）。更多包括视频总时长、弹幕评论总数、密度和视频总数与验证集及测试集的关系等详细信息，如表 8.1（对于 D1）和表 8.2（对于 D2）所示。

---

① https://github.com/fxsjy/Jieba。

　　数据集由三名接受过高等教育的志愿者进行标注。对于每个视频，每名志愿者从所有弹幕里出现的词汇中选择 15 个单词作为视频标签。有两个或多个投票的单词被选为标准标签。因此，每个视频的标准标签数是不同的。接下来，这些标签的顺序首先由投票数决定。得票率较高的弹幕词汇排名靠前。当票数相同时，标签顺序由另外一名志愿者决定。

表 8.1　数据集 D1 的统计信息

参数	验证集信息	测试集信息
视频总时长/min	1573.29	1441.38
弹幕评论总数/条	126146	101634
密度/（条/min）	80.18	70.51
视频总数	167	120

表 8.2　数据集 D2 的统计信息

参数	0 ∼ 30	30 ∼ 60	60 ∼ 90	90 ∼ 120	>120
视频总时长/min	644.37	433.01	855.40	883.61	1221.55
弹幕评论总数/条	11489	19368	60152	99671	379316
密度/（条/min）	17.83	43.72	70.32	112.80	310.52
视频总数	29	21	37	42	51

　　弹幕中词汇的词向量采用基于 skip-gram 模型的 Word2Vec 算法来获得，并采用 hierarchical softmax 算法来进行训练，因为 skip-gram 模型与 hierarchical softmax 算法更加适用于低词频词汇[13]，而根据弹幕的特征可知，弹幕中的词汇大多为低词频的网络流行词。本章用 gensim ①工具来训练模型，训练数据为从 bilibili 网站上抓取的 6743912 条弹幕词汇。词向量的维度 d 设为 300，该设定参考了 Li 等[252] 的工作。

　　为了进一步证明使用 Word2Vec 训练词向量来计算弹幕语义相似度的合理性，实验部分使用了几种传统的无监督学习及其他的词嵌入方法来计算弹幕的语义相似度。

　　（1）LDA，著名的"主题模型"方法。

　　（2）正点互信息模型（positive pointwise mutual information，PPMI），一种基于共现概率的分布模型[253]。

　　（3）HowNet，一种基于知网的层次义素树方法 [254]。中国知网（HowNet）[255]是一个揭示概念间关系和属性间关系的常识知识库。

　　（4）用于单词表示的全局向量（global vectors for word representation，GLoVe），另一种著名的词嵌入方法[73]。

---

① https://radimrehurek.com/gensim/models/word2vec.html。

本章分别用上述方法计算语义相似度并建图，并在验证集上对上述方法提取的排名前 10 的标签进行了测试。F_1 分数和 MAP（mean average precision，表示每个查询的平均精度分数的平均值[256]）作为指标来衡量标签提取的表现。语义相似度计算方法对结果的影响如表 8.3 所示。

表 8.3　语义相似度计算方法对结果的影响

方法	F_1 (对话模型)	MAP (对话模型)	F_1 (主题中心模型)	MAP (主题中心模型)
LDA	0.3625	0.3372	0.3641	0.3224
PPMI	0.3919	0.3705	0.4101	0.3806
HowNet	0.3537	0.3423	0.3468	0.3194
GLoVe	0.4045	0.4012	0.4202	0.4079
Word2Vec	0.4183	0.4041	0.4342	0.4160

实验结果表明，在验证集中，由于词表数量有限，HowNet 在基线中表现最差。LDA 也表现不佳，因为它不擅长处理短文本。在基于单词嵌入的方法 PPMI、GLoVe 和 Word2Vec 中，Word2Vec 表现最好，这表明完全训练的 Word2Vec 方法具有更好的鲁棒性，更适合于计算弹幕的相似度。

此外，在本章提出的算法中，需要确定三个参数：类内密度阈值 ρ_d、ρ_c 及衰减系数 γ_t。ρ_d 和 ρ_c 控制主题聚类的精度，而 γ_t 控制图中边的权重。

实验过程中首先固定 γ_t，并调整 ρ_d 和 ρ_c 的值，直至验证集中得到最佳的 F_1 分数和 MAP 得分。然后选择最优的 ρ_d 和 ρ_c，并重新调整 γ_t，直至验证集中的 F_1 分数和 MAP 得分是最优的。在 bilibili 网站中，每条弹幕出现在屏幕上的默认时间是 10s。因此，实验部分假设每条弹幕的语义半衰期为 5s，并根据式 (8.2.2) 计算初始 $\gamma_t = -\ln 0.5/5 \approx 0.14$。

为了确定 ρ_d，本章首先设定 $\gamma_t = 0.14$，并以 0.02 的步长将 ρ_d 从 0 调整到 0.5，观察基于对话的算法生成的前 10 个标签结果的 F_1 分数和 MAP 得分。验证集中 F_1 分数和 MAP 得分的结果分别显示在图 8.4 和图 8.5 中。无论是在 F_1 分数还是在 MAP 得分上，ρ_d 在 $0.32 \sim 0.38$ 内都能获得更好的表现，并在 0.34 处获得最佳的表现。因此，本章选择 $\rho_d = 0.34$ 进行以下实验。

为了确定 ρ_c，本章依然先固定 $\gamma_t = 0.14$，并以 0.02 的步长将 ρ_c 从 0 调整到 0.5，观察基于主题中心模型的图聚类算法生成的前 10 个标记结果的 F_1 分数和 MAP 得分。验证集中 F_1 分数和 MAP 得分的结果分别显示在图 8.6 和图 8.7 中。对于 F_1 分数，ρ_c 在 $0.34 \sim 0.42$ 内，有着更好的表现，在 0.40 时获得最佳表现。对于 MAP 得分，ρ_c 在 $0.34 \sim 0.40$ 内获得更好的表现，并在 0.38 处获得最佳性能。综合考虑 F_1 分数和 MAP 得分，本章选择 $\rho_c = 0.38$ 进行以下实验。

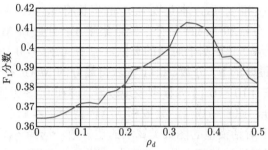

图 8.4　阈值 ρ_d 对 F_1 分数的影响

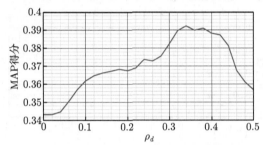

图 8.5　阈值 ρ_d 对 MAP 得分的影响

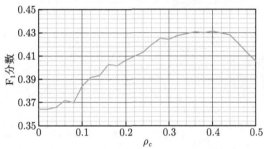

图 8.6　阈值 ρ_c 对 F_1 分数的影响

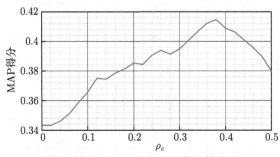

图 8.7　阈值 ρ_c 对 MAP 得分的影响

在有了最优 ρ_d 和 ρ_c 后，本章以 0.01 的步长将 γ_t 从 0 重新调整到 0.2，观察生成标签的 F_1 分数和 MAP 得分。验证集中 F_1 分数和 MAP 得分的结果如图 8.8、图 8.9 所示。对于基于对话的算法，γ_t 在 0.10 ∼ 0.13 内模型表现较好，并在 0.12 处获得最好的 F_1 分数，0.11 处获得最好的 MAP 得分。对于基于中心主题的算法，γ_t 在 0.10 ∼ 0.14 内模型表现较好，并在 0.13 处同时获得最好的 F_1 分数与 MAP 得分。综合考虑 F_1 分数和 MAP 得分，本章在下面的实验中选择 $\gamma_t = 0.12$ 作为基于对话模型的图聚类算法的超参数，选择 $\gamma_t = 0.13$ 作为基于主题中心模型的图聚类算法的超参数。事实上，当 $\gamma_t = 0$ 时，语义关联图与时间无关；当 $\gamma_t = +\infty$ 时，所有边的权值都等于 0，模型等价于 TF-IDF。

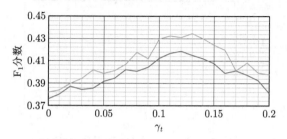

图 8.8　时间衰减稀疏 γ_t 对 F_1 分数的影响
－ 对话模型的图聚类算法；－主题中心模型的图聚类

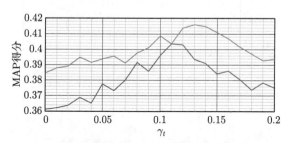

图 8.9　时间衰减系数 γ_t 对 MAP 得分的影响
－ 对话模型的图聚类算法；－主题中心模型的图聚类

此外，还需要确定迭代次数 T。本章统计算法在不同密度下收敛时的迭代次数（当平均变化值 $\dfrac{|I_{i,k} - I_{i-1,k}|}{I_{i-1,k}} < 5\%$ 时，认为算法收敛），结果显示在表 8.4 中。

表 8.4　不同密度下算法收敛所需的迭代次数

模型	迭代次数				
	0 ∼ 30	31 ∼ 60	61 ∼ 90	91 ∼ 120	>120
对话模型的图聚类算法	7.32	13.59	27.59	35.15	43.82
主题中心模型的图聚类	6.89	14.92	23.15	31.42	45.62

如表 8.4 所示，当弹幕的密度较低时，两种算法生成的 SAG 是稀疏的，因此迭代次数较少。随着密度的增大，SAG 变得稠密，迭代次数增加。为了简化，实验中选择 $T = 50$。

8.4.2　实验结果

本节首先使用 D2 数据集来分析提出的两种算法在不同密度下的聚类效果。然后使用 D1 数据集中的测试集来验证提出的贪婪优化的有效性，并将算法与现有的方法 TF-IDF、TextRank [202]、BTM（biterm topic model）[91]、GSDPMM（collapsed Gibbs sampling algorithm for the Dirichlet process Multinomial mixture model）[203,204] 与 TPTM（temporal and personalized topic model）[68] 进行比较。

首先，我们设计了一个实验来比较两种算法的聚类效果。给定一组主题 ST = $\{S_1, S_2, \cdots, S_K\}$，可以计算下面两个距离分数[91]。

平均类内距离：

$$\mathrm{IntraDis}(S) = \frac{1}{K} \sum_{k=1}^{K} \left[\sum_{\substack{v_i, v_j \in S_k \\ i \neq j}} \frac{2 \cdot \mathrm{Affinity}(v_i, v_j)}{|S_k||S_k - 1|} \right] \tag{8.4.1}$$

平均类间距离：

$$\mathrm{InterDis}(S) = \frac{1}{K(K-1)} \sum_{\substack{S_k, S_{k'} \in \mathrm{ST} \\ k \neq k'}} \left[\sum_{v_i \in S_k} \sum_{v_j \in S_{k'}} \frac{\mathrm{Affinity}(v_i, v_j)}{|S_k||S_{k'}|} \right] \tag{8.4.2}$$

由于本章使用 Affinity 函数来计算两个主题之间的语义相似度，相似度越高，函数值就越大。直观地说，如果平均类内距离较大，而平均类间距离较小，则该算法具有很好的聚类效果。因此，

$$H = \frac{\mathrm{IntraDis}(\mathrm{ST})}{\mathrm{InterDis}(\mathrm{ST})} \tag{8.4.3}$$

可用于评估聚类算法的好坏，该评估算法也是常见的聚类评估方法之一[257,258]。

由于语义关联图中存在时间衰减函数，视频的 H 值、IntraDis 和主题数（聚类数）随视频时长变化很大。因此，本章不直接计算所有视频的平均值，而是定义一个 H-hit 分数。也就是对每个视频比较两个聚类算法获得的 H 分数，并且具有较大 H 分数的算法获得一分。基于对话模型的图聚类算法得到的 H-hit 称为 D-hit，基于主题中心模型的图聚类算法得到的 H-hit 称为 T-hit。

结果如图 8.10 所示。当弹幕密度小于 60 时，基于对话模型的图聚类算法表现更好。随着密度的增加（超过 60），基于主题中心模型的图聚类算法性能优于基于对话模型的图聚类算法。此外，表 8.5 直接比较了两种算法在不同密度下的前 10 个标签提取结果。

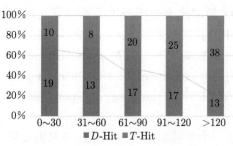

图 8.10   两种算法聚类效果比较

表 8.5   不同弹幕密度下标签提取结果

参数	迭代次数				
	$0 \sim 30$	$31 \sim 60$	$61 \sim 90$	$91 \sim 120$	>120
对话模型的图聚类算法-F_1 分数	0.4357	0.4412	0.4219	0.4108	0.4383
对话模型的图聚类算法-MAP 得分	0.3742	0.4027	0.4615	0.4013	0.4872
主题中心模型的聚类-F_1 分数	0.4139	0.4276	0.4275	0.4216	0.4433
主题中心模型的聚类-MAP 得分	0.3615	0.3988	0.4747	0.4077	0.5093

标签提取结果与图 8.10 类似。综合分析图 8.10 和表 8.5 可以得出结论，基于对话模型的图聚类算法更适合于密度小于 60 的视频，而基于主题中心模型的图聚类算法对于密度大于 60 的视频具有显著的优势，这符合本章前面的假设。基于以上结论，在 D1 的测试集中，弹幕密度大于 60 的视频被视为高密度视频，其他的则视为低密度视频。同时，D1 中的测试集也被分为高密度弹幕和低密度弹幕两部分。D1 测试集的数据描述如表 8.6 所示。

表 8.6   D1 测试集的数据描述

参数	高密度	低密度
视频总时长/min	124.58	1316.80
总弹幕数/条	41556	60078
弹幕密度/(条/min)	333.56	45.62
总视频数	89	31

本章使用表 8.6 中的数据来验证 8.2.2 节中提出的贪婪优化的有效性。具体地说，将算法 8.4 的代码运行了 10 次，分别统计了有贪婪优化（第 9 行）和无

贪婪优化（第 6 ~ 34 行）的运行时间。实验平台的配置为 2.9GHz 内核 i5、8GB 2133MHz 单线程 LPDDR3 的 MacBook Pro 13。实验中的时间数据为将所有样本的总时间相加（因为单个样本运行过短，误差较大）。10 次运行的平均时间显示在表 8.7 中。

表 8.7　贪婪算法的验证

项目	高密度	低密度
无贪婪优化/ms	7.671	10.725
有贪婪优化/ms	6.905	10.060

结果表明，有贪婪优化分别减少了 9.99% 的高密度数据处理时间与 6.20% 的低密度数据处理时间，证明了提出的贪婪算法的有效性。

接下来的实验使用 D1 的测试集，将提出的算法与现有的基于无监督学习的关键词提取方法进行比较。具体采用如下五种方法。

（1）TF-IDF，一种经典的关键词提取算法。

（2）TX（TextRank[202]），基于图算法的文本排序方法，是 PageRank 算法的改进。

（3）BTM，一种基于主题模型的算法，该算法是 LDA 算法针对短文本的改进。本次实验中，本章将主题数量设为 20。

（4）GSDPMM（collapsed Gibbs sampling algorithm for the Dirichlet process multinomial mixture model [203,204]），一种在短文本中取得良好效果的主题模型方法。在本次实验中，本章设定 $\alpha = 0.1 \times D$（D 为数据集中的文档数），$K = 1$，$\beta = 0.02$。

（5）TPTM（temporal and personalized topic model [68]），第一篇针对弹幕评论设计的主题模型，用于标签提取。所有参数与模型 TPTM 的原文设定一致。

每种方法分别计算前 10 条标注结果的精确率、召回率、MAP 得分和 F_1 分数。高密度和低密度弹幕的标签提取结果分别见表 8.8 和表 8.9。

表 8.8　高密度弹幕前 10 条候选标签的各种提取方法结果比较

方法	精确率/%	召回率/%	F_1 分数	MAP 得分
TF-IDF	26.74	57.35	0.3648	0.4224
TX	24.27	52.05	0.3310	0.3696
BTM	23.37	50.12	0.3188	0.3094
GSDPMM	24.45	50.94	0.3302	0.3374
TPTM	25.39	54.46	0.3463	0.3824
SW-IDF（对话模型的图聚类）	30.79	66.02	0.4210	0.4932
SW-IDF（主题中心模型的图聚类）	32.58	69.88	0.4444	0.5122

表 8.9   低密度弹幕前 10 条候选标签的各种提取方法结果比较

方法	精确率/%	召回率/%	F_1 分数	MAP 得分
TF-IDF	34.11	40.28	0.3694	0.3098
TX	32.24	37.09	0.3450	0.3147
BTM	32.10	36.62	0.3369	0.2927
GSDPMM	34.40	40.38	0.3715	0.3202
TPTM	36.77	43.34	0.3979	0.3359
SW-IDF（对话模型的图聚类）	39.12	46.93	0.4267	0.3623
SW-IDF（主题中心模型的图聚类）	38.77	45.62	0.4207	0.3522

在高密度条件下，基于主题中心模型的图聚类的 SW-IDF 算法在 F_1 分数和 MAP 得分上都达到了最优。与当前效果最佳的 TF-IDF 算法相比，该算法在基线上使 F_1 分数提高了 21.82%，MAP 得分提高了 21.26%。在低密度条件下，基于对话模型的图聚类的 SW-IDF 算法在 F_1 分数和 MAP 得分上都达到了最优结果。与基线中最先进的方法 TPTM 相比，F_1 分数提高了 7.24%，MAP 得分提高了 7.86%。比较两种算法可以发现，基于对话的图聚类算法在低密度条件下表现更好，而基于主题中心模型的图聚类算法在高密度条件下表现更好，这进一步证明了本章在前面的假设。

此外，随着弹幕密度的增大，噪声逐渐增多。因此，基于主题模型的图聚类算法 BTM、GSDPMM 和 TPTM 的结果比传统方法 TF-IDF 差。然而，由于 TF-IDF 算法只计算词频，不考虑弹幕的语义关系，所以计算结果不如本章提出的算法。相对而言，在低密度弹幕评论下，建立的语义关系图是稀疏的，并且噪声减少。这就是本章的提出的算法在处理高密度数据时比处理低密度数据有更大的改进的原因。

为了进一步验证算法的有效性，表 8.10 和表 8.11 统计了前 5 个和前 15 个候选视频标签的精确率与召回率。每种算法的结果与前 10 个候选算法的性能相似，证明了本章提出的两种算法在任何情况下从弹幕中提取视频标签时都有较好的性能。

表 8.10   不同方法生成的前 5、前 15 候选视频标签结果比较

方法	高密度-前 5 候选 精确率/%	高密度-前 15 候选 精确率/%	低密度-前 5 候选 精确率/%	低密度-前 15 候选 精确率/%
TF-IDF	41.82	18.71	41.40	29.93
TX	30.12	18.10	38.38	28.14
BTM	27.15	17.71	36.78	26.09
GSDPMM	28.12	18.32	41.81	30.67
TPTM	36.27	18.05	43.65	31.83
SW-IDF(d)	49.35	22.73	46.54	35.56
SW-IDF(c)	53.00	23.45	45.18	34.10

表 8.11　　不同方法生成的前 5 个和前 15 个候选视频标签结果比较

方法	高密度-前 5 个候选召回率/%	高密度-前 15 个候选召回率/%	低密度-前 5 个候选召回率/%	低密度-前 15 个候选召回率/%
TF-IDF	44.83	59.97	24.34	52.55
TX	32.34	58.31	22.50	50.71
BTM	29.24	56.92	21.58	46.02
GSDPMM	30.13	59.30	24.86	53.90
TPTM	39.45	59.27	26.62	56.24
SW-IDF(d)	53.62	72.41	28.93	63.27
SW-IDF(c)	56.92	75.71	27.83	62.69

　　最后，表 8.12 中统计了上述算法生成的前 5 个视频标记。黑体字表示优秀的标签（三个志愿者都投票的标签），而下划线表示无关的标记（少于两个志愿者投票的标记）。结果表明，SW-IDF（c）和 SW-IDF（d）比其他算法有更多的好标签和更少的无关标签，直观地证明了本章提出算法的优越性。

表 8.12　　不同算法生成的前 5 个候选视频标签结果

视频编号	AcFun ac2643295_1	AcFun ac2656362_6	AcFun ac2474006_1	AcFun ac2669229_1
截屏				
时间线	0:00:00～0:01:10	0:07:28～0:09:49	0:00:00～1:04:07	0:00:00～0:15:41
弹幕数/条	785	764	2933	2460
弹幕密度/(条/min)	672.84	325.08	45.78	156.84
TF-IDF	**相见恨晚**	日月神剑	**杀手**	**张家辉**
	彭佳慧	**张卫健**	凉子	预警
	miss	**任贤齐**	身份证	吓人
	好听	**林志颖**	大哥大	鬼
	风云	偶像	演技	张继聪
TextRank	**相见恨晚**	**任贤齐**	**杀手**	**张家辉**
	好听	**张卫健**	身份证	预警
	本章	头发	演员	电影
	彭佳慧	美好	**日本**	恐怖
	知道	回忆	尸体	感觉
BTM	**相见恨晚**	**任贤齐**	厉害	更新
	好听	头发	表演	习惯
	知道	美好	模子	电影
	勇敢	回忆	雇主	**张家辉**
	小时候	**粤语**	尸体	忘记

续表

视频编号	AcFun ac2643295_1	AcFun ac2656362_6	AcFun ac2474006_1	AcFun ac2669229_1
GSDPMM	好听	任贤齐	新年	高能
	跟着	头发	杀手	预警
	自己	粤语	身份证	电影
	勇敢	林志颖	烟囱	鬼
	风云	喜欢	澡堂	害怕
TPTM	相见恨晚	张卫健	尸体	张家辉
	卡了	回忆	大哥大	电影
	彭佳慧	日月神剑	杀手	忘记
	好听	林志颖	日本	鬼
	小时候	头发	演员	恐怖片
SW-IDF(d)	相见恨晚	日月神剑	杀手	吴启华
	彭佳慧	张卫健	身份证	张家辉
	好听	任贤齐	克莱斯勒	张继聪
	表示	林志颖	日本	预警
	风云	偶像	大哥大	吓人
SW-IDF(c)	相见恨晚	张卫健	杀手	张家辉
	彭佳慧	日月神剑	身份证	吓人
	风云	林志颖	日本	鬼
	好听	回忆	凉子	恐怖片
	主题曲	任贤齐	大哥大	郭采洁

8.5　本章小结

首先，本章提出了一种新的弹幕视频标签提取算法。其次，针对弹幕的特点，本章设计了 SW-IDF 算法，利用弹幕的语义相似度和时间戳，将其聚类到语义关联图中，从有意义的评论中区分出噪声，进而有效地消除噪声。最后，本章对视频标签进行了无监督的识别和提取。在真实数据集上的大量实验证明，该算法能够有效地提取视频标签，与多个基线方法相比，其精确率和召回率都有了显著的提高，这明显验证了该算法在标签提取及处理弹幕特征方面的潜力①。

思　考　题

1. 除了本章采用的将词向量求平均的方法，思考其他计算句向量的方法。
2. 分析基于对话模型的图聚类算法和基于主题中心模型的图聚类算法的核心区别。

---

① 本章的工作已经收录于国际会议 ICME 2017（Crowdsourced time-sync video tagging using semantic association graph）。

3. 思考 hierarchical softmax 算法对 skip-gram 模型进行的相关改进及其原因。

4. 总结 LDA、PPMI、HowNet、GLoVe、Word2Vec 等词嵌入方法之间的区别和联系。

5. 本章中利用两种算法的实验结果划分高密度弹幕与低密度弹幕，思考其他划分弹幕密度的方法。

第 9 章　弹幕推荐系统

9.1　概　　述

除了前面提到的无监督学习中的图聚类算法，监督学习中的注意力机制也能很好地解决由弹幕的上下文相关引起的羊群效应问题。本章将研究基于注意力机制的弹幕羊群效应分析方法及其在推荐系统中的应用。

现如今，大多数视频推荐方法主要关注用户的行为，如浏览历史记录[259,260]、评论[69,261] 等。然而，在现实场景中，大多数人不愿意在观看视频后做高质量的评论，这就导致了有价值的视频评论的稀缺。除此之外，研究者还想到了一些基于多特征的方法[262,263] 将图像信息与评论信息结合起来，从更全面的角度生成用户的偏好特征。然而图像和评论通常包含不平等的信息[264]。也就是说，文本信息和图像信息通常描述不同的内容与信息量。视频中的图像仅描述视频内容的一个瞬间，而评论通常描述视频的整体内容。信息鸿沟导致评论和图像的融合丢失大量信息。然而，弹幕评论的出现改变了这一局面。

相比于传统评论，弹幕评论具有其独特的性质。这既为用弹幕评论做视频推荐带来了很大优势，同时也带来了巨大挑战。具体来说，一方面，由于弹幕评论的实时性，每条弹幕都有一个对应的时间戳，用来记录弹幕的发布时间。利用时间戳可以轻松捕捉到弹幕评论发布时对应的视频帧。弹幕评论和其对应的视频帧显然描述了相近的内容，因此更适合做图文融合模型的数据源。另一方面，由于弹幕上下文相关性引起的羊群效应[205,206]，在分析弹幕语义时必须要同时考虑其前面的相关信息，而不能单独考虑每条弹幕。举个例子，如图 9.1 所示，用户 A 在视频中男主人公出现时发送弹幕"大官男我喜欢"来表达他对视频主人公的喜爱。几秒后，用户 B 和用户 C 就讨论了这个话题并分别回复他说"我也有点喜欢大官男""巴博萨死的时候特伤心"。在这个例子中，如果用户 A 不首先发出第一条关于这个话题的弹幕，则用户 B 和用户 C 也不会发出相关弹幕。也就是说，每条弹幕的产生不是独立事件，而是受其前序弹幕影响的概率事件。综上所述，如何充分地考虑弹幕的交互性（羊群效应）、实时性等特点，准确有效地提取文本信息并与视觉信息融合是分析弹幕语义面临的核心挑战。

基于上述动机和挑战，本章提出一种具有羊群效应注意力机制的图像-文本融合模型（ITF-herding effect based attention, ITF-HEA）。ITF-HEA 通过基于模

型的协同过滤（model-based collaborative filtering）方法来生成用户的偏好特征
与视频内容特征。为了综合考虑文本信息、图像信息和上下文信息的影响，ITF-
HEA 具体分为两个模型：基于文本的模型（text-based model，TM）和图像-文
本融合模型（image-text fusion model，ITF）。还有一个注意机制：基于羊群效
应的注意力（herding effect based attention，HEA）机制。具体来说，在 TM 中，
首先通过双向长短期记忆模型（bidirectional-LSTM，Bi-LSTM）对弹幕进行特征
提取，获得句向量（弹幕特征），然后分别将弹幕特征与用户和视频的嵌入特征向
量相结合，预测用户对视频的喜好度。在 ITF 中，模型对对应的视频帧（图像）
特征进行提取，并将其与弹幕的文本特征融合，以取代 TM 中的单一 TSC 特征。
最后，基于上下文语义相似度和弹幕时间间隔的 HEA 机制可以将上下文信息通
过注意力机制融合到每条弹幕的文本特征中，用于取代 TM 和 IFT 中的独立文
本特征。

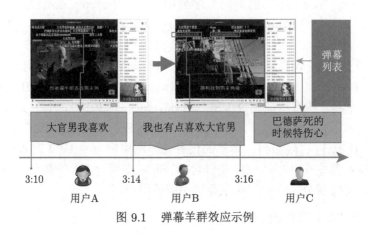

图 9.1   弹幕羊群效应示例

为了验证所提出的弹幕视频个性推荐算法的有效性，本章依然使用真实弹幕
视频网站 bilibili 中的数据，该数据由 Chen 等[69] 提出并公布。将本章提出的方
法与现有效果最好的基于评论的推荐算法进行比较，得到的实验结果表明，ITF
模型与 HEA 机制结合后的 ITF-HEA 模型在给出的前 5 推荐（Top 5）、前 10 推
荐（Top 10）、前 20 推荐（Top 20）中分别取得了 0.3948、0.6272、0.8656 的 F_1
分数，在各类数据中平均比基线方法中最好的方法在 F_1 分数上提高了 3.78%。

9.2   基于模型的协同过滤算法

本节描述了两个协同过滤模型和一个注意力机制。9.2.1 节中给出问题描述。
然后 9.2.2 节提出一个基于文本的推荐模型。9.2.3 节设计一个图文融合模型。最

后，为了充分地利用弹幕的特点，9.2.4 节提出一个基于羊群效应的注意力机制，并给出了完整的神经网络结构。

9.2.1　问题描述

假设当前视频片段存在 N 条弹幕，用集合 $\mathrm{TSC} = \{\mathrm{tsc}_1, \mathrm{tsc}_2, \cdots, \mathrm{tsc}_N\}$ 表示。对于 tsc_i，其对应的图像帧（即弹幕时间戳时刻对应的视频帧，详细描述见 9.2.3 节）为 vsl_i。同时，tsc_i 对应的情感标签为 pol_i，该标签由斯坦福自然语言处理工具[①]标注生成。除此之外，发送弹幕 tsc_i 的用户 ID 定义为 u_i，弹幕所属视频的 ID 定义为 v_i。

如本章概述中所述，弹幕很容易受其前序弹幕影响。因此，对于每条弹幕 tsc_i，本章连续采样 M 条前序弹幕 $\mathrm{Context}_i = \{\mathrm{pre}_{i,1}, \mathrm{pre}_{i,2}, \cdots, \mathrm{pre}_{i,M}\}$ 作为上下文信息（$\mathrm{pre}_{i,M}$ 是 tsc_i 本身）。对于 $\mathrm{pre}_{i,j} \in \mathrm{Context}_i$，其对应的时间戳为 $t_{i,j}$。弹幕 tsc_i 与其上下文的词向量序列用 $w_i = \{w_i^1, w_i^2, \cdots, w_i^{L_i}\}$ 和 $w_{i,j} = \{w_{i,j}^1, w_{i,j}^2, \cdots, w_{i,j}^{L_{i,j}}\}$ 表示，其中 L_i 与 $L_{i,j}$ 分别表示 tsc_i 与 $\mathrm{pre}_{i,j}$ 的序列长度（句长）。

给定所有弹幕 $\mathrm{WT} = \{\boldsymbol{w}_i | 1 \leqslant i \leqslant N\}$ 与它们对应的情感标签 $\mathrm{POL} = \{\mathrm{pol}_i | 1 \leqslant i \leqslant n\}$，用户 ID 列表 $U = \{u_1, u_2, \cdots, u_N\}$，视频 ID 列表 $V = \{v_1, v_2, \cdots, v_N\}$，图像特征集合 $\mathrm{VSL} = \{\mathrm{vsl}_1, \mathrm{vsl}_2, \cdots, \mathrm{vsl}_N\}$，上下文信息 $\mathrm{WC} = \{\{w_{1,1}, \cdots, w_{1,M}\}, \cdots, \{w_{N,1}, \cdots, w_{N,M}\}\}$ 及其对应的时间戳信息 $T = \{\{t_{1,1}, \cdots, t_{1,M}\}, \cdots, \{t_{N,1}, \cdots, t_{N,M}\}\}$，本章的任务是预测用户 $u \in \mathrm{UID}$ 对视频 $v \in \mathrm{VID}$ 的喜爱程度，其中 UID 和 VID 是包含 U 和 V 中唯一 ID 的集合。并将最终结果中的用户喜好得分前列的视频推荐给相应的用户。

9.2.2　基于文本的推荐模型

直观来说，用户的偏好是从其发布的弹幕语义特征中提取出来的，而视频特征是从视频中所有弹幕的语义特征中总结出来的。在此基础上，本章首先利用双向 LSTM 提取弹幕的语义特征；然后将弹幕的语义特征与用户和视频的隐状态相融合。最后，用协同过滤算法根据隐状态向量的相似度预测用户对视频的喜好度。基于文本的推荐模型如图 9.2 所示。

更具体地说，为了从弹幕中获取单词序列信息，本章使用 Bi-LSTM[265] 将单词特征转换为弹幕特征。对于弹幕 tsc_i 有

$$\overrightarrow{h}_t = \mathrm{LSTM}(w_i^t, \overrightarrow{h}_{t-1}) \tag{9.2.1}$$

$$\overleftarrow{h}_t = \mathrm{LSTM}(w_i^t, \overleftarrow{h}_{t+1}) \tag{9.2.2}$$

---

① http://nlp.stanford.edu/sentiment。

与

$$\text{seq}_i = \frac{1}{L_i} \sum_{t=1}^{L_i} (\overrightarrow{h_t} \oplus \overleftarrow{h_t}) \tag{9.2.3}$$

式中，$\text{seq}_i \in \mathbb{R}^d$；$\oplus$ 表示向量拼接。

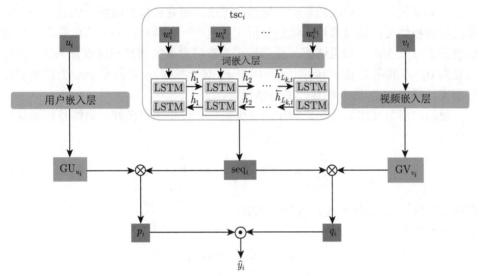

图 9.2　基于文本的推荐模型

经过 LSTM 组成的特征抽取层，模型可以得到序列特征 seq_i。

接下来，本章定义 GU_{u_i} 为用户 u_i 的隐状态向量，这是一个基于用户历史偏好生成的特征向量。相似地，定义 GV_{v_i} 为视频 v_i 的隐状态向量。有了以上两个隐向量，即可用 $\otimes$ 操作来分别地将 GU_{u_i} 与 GV_{v_i} 与之前得到的 seq_i 融合，获得用户临时特征向量

$$p_i = G_{u_i} \otimes \text{seq}_i \tag{9.2.4}$$

与视频临时特征向量

$$q_i = G_{v_i} \otimes \text{seq}_i \tag{9.2.5}$$

式中，$\otimes$ 操作为 $\otimes:R^d \times R^d \to R^d$，是用来将两个维度为 d 的向量合并为一个向量的积函数。举例来说，

$$(a_1, \cdots, a_d) \otimes (b_1, \cdots, b_d) = (a_1 b_1, \cdots, a_d b_d)$$

在本章架构中，用户对视频（或视频片段）的偏好预测为一个二进制分类问题，其中 1 表示用户喜欢视频，0 表示用户不喜欢视频。因此，在训练数据中，用

户 u_i 与视频 v_i 的相似性定义为

$$\hat{y}_i = \text{sigmoid}(p_i \odot q_i) \tag{9.2.6}$$

式中，$\text{sigmoid}(x) = \dfrac{1}{1+\mathrm{e}^{-x}}$；$\odot$ 为内积。

　　一般来说，用户对他们喜欢的视频的评论都带有积极的情绪。因此，每条弹幕的情感极性可以通过斯坦福情感分析工具包[266] 来确定。为了简化模型，如果情感分析结果为正（积极情感）或中性，本章将弹幕的情感极性设置为 1，否则设置为 0。本书定义 $y_i = \text{pol}_i$，表示用户 u_i 对于视频 v_i 以弹幕 tsc_i 为根据的喜好事实，其中 pol_i 是弹幕 tsc_i 的情感极性。

　　最后，模型使用二元交叉熵作为损失函数来模拟用户偏好。最终目标函数最大化为

$$L = \sum_{i=1}^{N} (y_i \cdot \ln \hat{y}_i + (1-y_i) \cdot \ln(1-\hat{y}_i)) \tag{9.2.7}$$

在训练阶段，Adam[222] 被作为优化函数。

　　训练过后

$$\hat{y}_{u,v} = \text{GU}_u \odot \text{GV}_v \tag{9.2.8}$$

被用于表示用户 u 对视频 v 的偏好预测，

$$Po_{u,v} = \frac{\sum\limits_{i \in \text{List}_{u,v}} \text{pol}_i}{|\text{List}_{u,v}|} \tag{9.2.9}$$

表示用户 u 对视频 v 的真实偏好结果，其中 $\text{List}_{u,v}$ 表示用户 u 在视频 v 中发布的全部弹幕评论。

　　然后，测试数据中用户对于视频的真实偏好被定义为

$$y_{u,v} = \begin{cases} 0, & Po_{u,v} < 0.5 \\ 1, & Po_{u,v} \geqslant 0.5 \end{cases} \tag{9.2.10}$$

9.2.3　图文融合模型

　　如本章概述中所说，每条弹幕都有一个时间戳，记录了弹幕发布时对应的视频时间。凭借时间戳可以很容易捕捉到相应的图像信息，从而更好地进行图文特征提取与融合。本节将致力于将弹幕的图像特征与文本特征融合，以获得更丰富、全面的特征。

图文融合模型的整体架构如图 9.3 所示。对于弹幕 tsc_i，vsl_i 表示其对应的视频帧的特征。

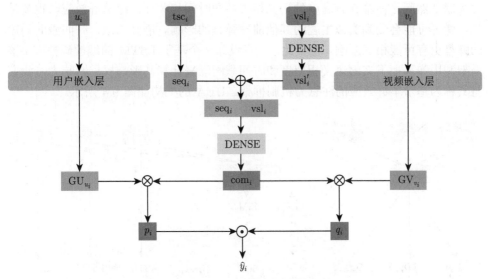

图 9.3　图文融合模型的整体架构

视频特征由 Chen 等[69] 提供，具有 4096 维输出，使用 Caffe 模型训练，由 5 个卷积层 (CNN layers) 与 3 个全连接层 (fully-connected layers) 组成，已在 120 万规模的 ImageNet（ILSVRC2010）图像上进行了预训练。

由于 vsl_i 的维度为 4096，模型首先将其降到 d 维：

$$\mathrm{vsl}_i' = \mathrm{DENSE}(\mathrm{vsl}_i) \tag{9.2.11}$$

得到 vsl_i'，其中 $\mathrm{DENSE}(\cdot)$ 是激活函数 elu [267] 的全连接层。

为了将前面得到的文本特征与视觉特征融合，文本特征序列 seq_i 与视觉特征 vsl_i' 进行拼接，然后获得维度为 $2 \times d$ 的向量 com_i：

$$\mathrm{com}_i = \mathrm{seq}_i \oplus \mathrm{vsl}_i' \tag{9.2.12}$$

然后，通过将 com_i 的维度降到 d，得到 com_i'：

$$\mathrm{com}_i' = \mathrm{DENSE}(\mathrm{com}_i) \tag{9.2.13}$$

最后，com_i' 可用于代替式 (9.2.3) 中得到的 seq_i，并进一步根据式 (9.2.5) 将 seq_i 与 GU_{u_i}、GV_{v_i} 分别融合，利用式 (9.2.6) 进行用户偏好预测。

9.2.4 基于羊群效应的注意力机制

现有基于评论的推荐方法通常单独处理每个评论，而不考虑评论之间的上下文关联。然而，弹幕具有高度的语义相关性和时间相关性，即羊群效应。也就是说，弹幕可能会受到类似主题的其他前序弹幕的影响。语义相似、时间戳间隔短的弹幕更有可能相互影响。基于此，本章设计一个基于 LSTM 的编解码框架，该框架利用弹幕上下文的语义相似度和时间戳间隔来计算其影响权重影响力，我们将其称为基于羊群效应的注意力机制框架。HEA 的架构如图 9.4 所示。

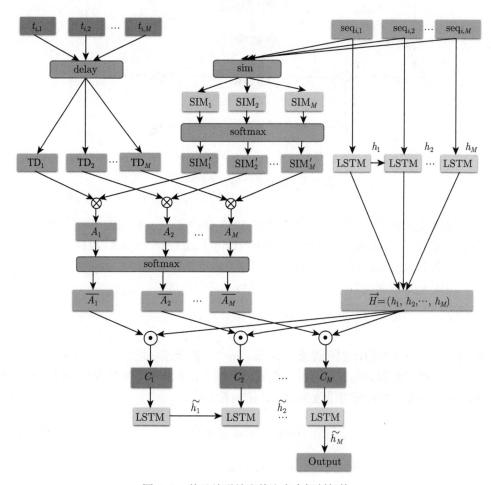

图 9.4   基于羊群效应的注意力机制架构

具体来说，对于 tsc_i，模型连续采样 M 条前序弹幕 $\text{Context}_i = \{\text{pre}_{i,1}, \text{pre}_{i,2}, \cdots, \text{pre}_{i,M}\}$ 并将其作为上下文信息,根据式 (9.2.1) 得到上下文特征 $\text{SEQ}_i =$

$[\text{seq}_{i,1}, \cdots, \text{seq}_{i,M}]$，其中 $t_{i,1} < t_{i,2} < \cdots < t_{i,M}$。

HEA 可以抽象成一个编码-解码架构。将上下文信息 SEQ_i 作为 LSTM 的编码器输入，则编码器输出为

$$h_t = \text{LSTM}(h_{t-1}, \text{seq}_{i,t}) \tag{9.2.14}$$

$H = (h_1, h_2, \cdots, h_M)$ 表示编码器输出的隐状态向量。

为了计算上下文弹幕的影响力权重，对于 $\text{pre}_{i,j}$，定义其语义相似度向量 $\text{SIM}_j = (\text{sim}(j,1), \text{sim}(j,2), \cdots, \text{sim}(j,M))$，其中

$$\text{sim}(k,j) = \frac{\text{seq}_{i,k} \odot \text{seq}_{i,j}}{|\text{seq}_{i,k}||\text{seq}_{i,j}|} \tag{9.2.15}$$

表示 $\text{pre}_{i,j}$ 与 $\text{pre}_{i,k}$ 的语义相似度。

同时，定义时间衰减向量 $\text{TD}_j = (\text{delay}(j,1), \text{delay}(j,2), \cdots, \text{delay}(j,M))$，其中

$$\text{delay}(j,k) = \begin{cases} \text{e}^{-\beta(t_{i,j}-t_{i,k})}, & j > k \\ 0, & j \leqslant k \end{cases} \tag{9.2.16}$$

表示 $\text{pre}_{i,k}$ 对 $\text{pre}_{i,j}$ 的影响随时间间隔的增加而减小，β 是超参数，将在实验中详细讨论。

由于基于余弦的语义相似度可能有负数值，模型需要首先将得到的相似度向量 SIM_j 通过 softmax 函数归一化：

$$\text{SIM}'_j = \left(\frac{\text{e}^{\text{sim}(j,1)}}{\sum\limits_{k=1}^{M} \text{e}^{\text{sim}_{j,k}}}, \frac{\text{e}^{\text{sim}(j,2)}}{\sum\limits_{k=1}^{M} \text{e}^{\text{sim}_{j,k}}}, \cdots, \frac{\text{e}^{\text{sim}(j,M)}}{\sum\limits_{k=1}^{M} \text{e}^{\text{sim}_{j,k}}} \right)$$

然后计算 $\text{pre}_{i,j}$ 的注意力分数向量

$$A_j = \text{SIM}'_j \otimes \text{TD}_j \tag{9.2.17}$$

最终的注意力权重的分布 $\overline{A}_j$ 通过向量 A_j 由 softmax 函数归一化后得到。

解码器的输入向量计算公式如下：

$$C_j = \overline{A}_j \odot H \tag{9.2.18}$$

在得到输入向量之后，可以通过

$$\widetilde{h}_1 = \text{LSTM}(C_1) \tag{9.2.19}$$

$$\widetilde{h}_t = \text{LSTM}(C_t, \widetilde{h}_{t-1}) \tag{9.2.20}$$

得到解码器的输出。

最后，本章使用 $\widetilde{h}_M$ 代替在 9.2.2 节、9.2.3 节中使用的 seq_i，并将其作为文本特征的输入，进行后续运算。ITF-HEA 的完整网络结构如图 9.5 所示。

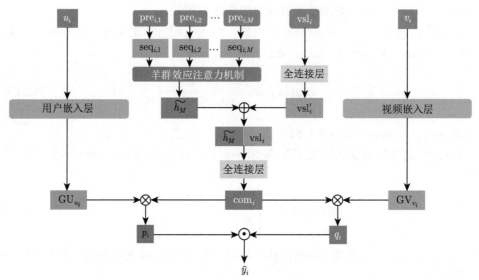

图 9.5　ITF-HEA 的完整网络结构

9.3　实　　验

实验部分通过与四种先进的视频推荐方法的比较，证明了本章提出的方法的有效性。实验部分首先给出模型的必要参数，然后分析模型在弹幕视频推荐时的性能。最后，分析超参数对实验结果的影响。

9.3.1　实验参数设定与数据集构建

本章所使用的数据来自中国弹幕视频网站 bilibili，由 Chen 等[69] 从电影类视频中抓取并发布。实验过程选取了 100 位发布弹幕数量最多且在超过 40 个视频中都发过弹幕的用户作为实验对象。这些用户一共评论了 871 个视频，其中的所有弹幕被作为本章实验的子集。子集中包含 423383 位用户及他们发布的 1319475 条弹幕。

对于子集中的 100 位用户，他们评论过的一半视频作为训练集，另一半作为测试集。实验确保每个用户至少可以被推荐 20 个视频（为了确保 Top20 指标的有效性）。测试集包含 2995 对“用户-视频”对，其中 1973 对为积极情绪（喜爱观看该视频），1023 对为消极情绪（不喜欢观看该视频）。训练集包含 2811 对"用户-视频"对及 11775 条弹幕（用户可以在一个视频中发送多条弹幕），其中 8124 条弹幕为积极情绪，3651 条弹幕为消极情绪。

在本章所提出的模型中，需要确定超参数 β 和弹幕上下文的数量 M。实验选择测试集中 35% 的数据（共 1075 对"用户-视频"对）作为验证集来调整 β。Adam[222] 的初始学习率为 0.001，向量维数 d 设为 128。当 $\beta = 0.2$，$M = 10$ 时实验得到了最好的结果，详细的参数调节过程将在 9.3.2 节中进行讨论。

9.3.2　实验结果

为了评估模型的真实性能，本章采用以下几个模型作为基线。

（1）HFT（hidden factors and hidden topics）：一种基于评论进行视频打分预测的最先进方法[207]。在实验中，正面评论视频的评分设为 1，否则为 0。

（2）JMARS（jointly modeling aspects, ratings and sentiments）：一种基于 LDA 模型对视频评论进行分析的评分预测方法[208]。

（3）VBPR（visual Bayesian personalized ranking）：一种基于计算机视觉技术的视频推荐算法[209]。

（4）KFRCI（key frame recommender by modeling user timesynchronized comments and the key frame images simultaneously）：一种新颖的针对弹幕评论的个性化图文融合视频推荐算法[69]。在实验中，用户对视频的喜好度得分是用户评论该视频所有帧的平均得分。

（5）ITF-HEA：图 9.5 中描述的完整模型。

对于实验中的所有基线方法的参数选择，本文均在原文给定的范围内选择了在验证集上表现最佳的参数。基于这组最佳参数，本文得到了所有基线方法在测试集中的分数。

实验分别预测了用户最喜欢的 Top 5、Top 10 和 Top 20 的视频。其中 Top X 为由式 (9.2.8) 计算获得预测分最高的 X 个视频。模型性能采用 F_1 分数和精确率来评估。所有模型都重复运行了 10 次，并将平均值作为最终结果进行展示，以减小模型波动带来的影响。

各个模型的 F_1 分数与精确率的结果如表 9.1 所示。从表 9.1 中，我们可以看到：ITF-HEA 在 F_1 分数和精确率上均取得了最佳性能。与 KFRCI 相比，本章提出的模型在 Top 5、Top 10、Top 20 的 F_1 分数上分别提高了 2.30%、3.91% 和 5.14%（平均提高了 3.78%），在精确率上分别提高了 2.20%、3.50% 和 4.20%（平均提高了 3.30%）。在其他基线方法中，VBPR 的性能优于其他方法；HFT 和 JMARS 的性能相似，而 PMF 的性能最差。

接下来的实验评估了 9.2 节中提出的各个子模型，从而分析文本特征、图像特征和注意机制对完整模型的影响。

（1）TM: 9.2.2 节中介绍的文本模型。

（2）T-HEA: 9.2.2 节中介绍的文本模型与 9.2.4 节中介绍的注意力机制的组合模型。

（3）ITF: 9.2.3 节中介绍的图文融合模型。

（4）ITF-HEA: 9.2.3 节中介绍的图文融合模型与 9.2.4 节中介绍的注意力机制的组合模型。

表 9.1　各个方法精确率与 F_1 分数比较

方法	Top 5		Top 10		Top 20	
	精确率	F_1 分数	精确率	F_1 分数	精确率	F_1 分数
HFK	0.856	0.3463	0.812	0.5310	0.732	0.7371
JMARS	0.878	0.3552	0.810	0.5560	0.732	0.7367
VBPR	0.892	0.3608	0.83	0.5760	0.779	0.7840
KFRCI	0.954	0.3859	0.897	0.6036	0.818	0.8233
ITF-HEA	**0.976**	**0.3948**	**0.932**	**0.6272**	**0.860**	**0.8656**

各个组件的精确率与 F_1 分数实验结果如表 9.2 所示。结果表明，尽管 T-HEA 只使用文本信息，但实验结果仍优于 ITF。T-HEA 甚至比最先进的 KFRCI 方法有更好的性能，这表明 HEA 机制可以有效地抵消羊群效应的影响，提高模型的性能。结果还表明，弹幕的上下文和时间戳是非常重要的信息，需要在建模时考虑。

表 9.2　各个组件的精确率与 F_1 分数实验结果

方法	Top5		Top10		Top20	
	精确率	F_1 分数	精确率	F_1 分数	精确率	F_1 分数
TM	0.932	0.2363	0.887	0.5969	0.790	0.7950
T-HEA	0.956	0.3867	0.914	0.6151	0.817	0.8223
ITF	0.952	0.3851	0.892	0.6003	0.805	0.8107
ITF-HEA	**0.976**	**0.3948**	**0.932**	**0.6272**	**0.860**	**0.8656**

实验的最后一部分讨论超参数 β 和上下文弹幕数量 M 对实验结果的影响。在实验过程中，首先固定 $M = 10$，将 β 的值从 0 以 0.1 的步长调到 0.5，并计算验证集中 Top 5、Top 10、Top 20 预测推荐结果的 F_1 分数。实验表明，当 $\beta = 0.2$ 时，可获得最佳结果。测试集中不同超参数对应的 F_1 分数如图 9.6 所示。在任何情况下，当 $\beta = 0.2$ 时，超级参数 β 都会获得最佳性能，与验证集相同。当 β 更大时，实验结果变差，因为它削弱了其他弹幕在注意力层中的权重。当 $\beta = 0$ 时，性能最差，因为这直接忽略了时间信息的影响。

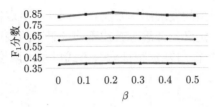

图 9.6 超参数 β 对 Top 5、Top 10、Top 20 推荐结果的影响

→Top 5 →Top 10 → Top 20

对于上下文弹幕数量 M，实验过程中固定了 $\beta = 0.2$，并将 M 分别设置为 5、10、15 和 20。结果如图 9.7 所示。IFT-HEA 在 $M = 10$ 时获得最佳性能，在 $M = 20$ 时获得最差性能。这一结果证实了弹幕的羊群效应是时间敏感的，不会持续很长时间，这符合本章概述中的假设。

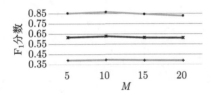

图 9.7 超参数 M 对 Top 5、Top 10、Top 20 推荐结果的影响

→Top 5 →Top 10 → Top 20

9.4 本章小结

本章通过基于模型的协同过滤方法，提出了一种利用弹幕及图像信息个性化推荐视频的方法。该方法采用 HEA 机制更准确有效地提取弹幕的文本特征，并根据每条弹幕的语义相似度和时间间隔，设定权重。该方法可将弹幕的上下文相关性、实时性和时间敏感特性集成到神经网络框架中，准确有效地预测了用户对在线视频的偏好。在真实数据集上的大量实验证明，该方法可以比最新方法更精确地向用户推荐视频[①]。

思 考 题

1. 总结用弹幕评论做视频推荐相较于基于用户行为及视频内容做视频推荐的优缺点。

---

① 本章的工作已经收录于国际会议 ICME 2019（Herding Effect based Attention for Personalized Time-Sync Video Recommendation）。

2. 了解图文融合模型的发展历程及其在不同任务下取得的成果。

3. 了解羊群效应的定义，并思考其在不同场景下的表现形式。

4. 设计新的文本特征与视觉特征融合方式以最大限度地保留和利用不同来源的特征信息。

第 10 章 弹幕剧透检测

10.1 概 述

随着互联网相关技术的发展，越来越多的人喜欢在网上观看在线视频，并在观看时通过弹幕评论交流视频内容，分享自己的感受。然而，与传统评论相似，弹幕评论中存在部分涉及剧透的内容，这些内容揭示了视频中的关键情节，如电影结尾的内容、刑侦电视连续剧的凶手身份或体育游戏的最终比分等，严重破坏了用户的观看体验。为了防止被剧透，很多用户别无选择，只能屏蔽所有弹幕。有些用户甚至选择在无弹幕的视频网站观看视频，以尽量减少被剧透的机会，这严重破坏了用户与他人讨论的机会。为了保证用户在使用弹幕交流时不被剧透，从弹幕中检测并区分剧透内容非常关键。

现有的弹幕检测方法大多是基于密钥匹配和传统的机器学习方法。例如，Golbeck[211] 与 Nakamura 和 Tanaka [212] 提出的根据预定义的关键词过滤掉剧透评论。Guo 和 Ramakrishnan[214] 使用基于 LDA 的机器学习方法对最可能成为剧透的评论进行排序。Chang 等[218] 提出了一种使用体裁感知注意力机制的深度神经网络剧透检测模型。然而，这些方法都是针对社交媒体上的常见评论或文章。由于没有考虑弹幕的独特性质，因此不能很好地检测出弹幕中的剧透内容。

相比普通评论，弹幕具有短文本、交互性、实时性、高噪声等特点，这为剧透检测带来了新的挑战。图 10.1 提供示例来解释以上特性对弹幕剧透检测的影响。

（1）短文本。弹幕评论通常不是完整的句子，每条评论通常不超过 10 个词。弹幕中单词对剧透判别的影响力是不同的。图 10.1 中"凶手""外卖""关队"等词是情节相关人物或主角的名字，这些词在判定弹幕是否为剧透时尤为关键。因此，我们需要设计单词级注意力机制，以区分弹幕中不同词的影响力。

（2）交互性。后续弹幕的主题通常依赖前序弹幕，如图 10.1 中弹幕 C 所讨论的话题正是由弹幕 A 引出的。也就是说，如果弹幕的话题与语义与周围类似，则其为剧透的可能性较低。

（3）实时性。弹幕的讨论内容通常只跟其时间戳附近的视频内容相关。因此，当弹幕讨论的内容与视频高潮部分（如电影结尾、电视剧中揭露凶手的时刻，以及体育比赛进球或逆转时刻）相关时，该弹幕很可能含有剧透内容。本章将视频的高潮部分称为关键帧，在图 10.1 中，弹幕 B 讨论的内容与其周围的话题不同，而非常接近关键帧附近的弹幕 G。这意味着，弹幕 B 正在描述一个可能与结局相关的重要的话题，其很可能成为剧透。事实上，弹幕 B 的确为剧透，在视频开始时就揭露了最后的凶手。

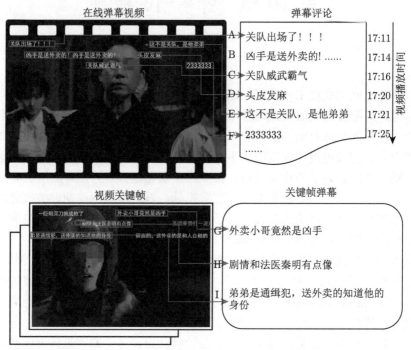

图 10.1   弹幕短文本、交互性、实时性、高噪声等特点对弹幕剧透检测的影响

（4）高噪声。由于观众的话题和观点的多样性，出现了许多与视频内容无关的弹幕。图 10.1 中的弹幕 D 和弹幕 F 表示与视频内容无关的观众的感受。它们与周围之间的语义关联性较弱，但却不是剧透。噪声的存在给弹幕剧透检测带来了巨大困扰。因此，如何利用弹幕的交互性和实时性，正确区分普通弹幕、噪声弹幕与剧透弹幕，是准确有效地进行弹幕剧透检测的核心挑战。

基于上述动机和挑战，本章提出基于交互方差注意力机制的相似度网络（similarity-base network with interactive variance attention，SBN-IVA）来判别弹幕是否含有剧透。具体来说，由于短文本的特性，本章首先通过单词级的注意力机制编码器来提取弹幕的文本特征，该编码器根据单词的重要性来分配权重。其次，基于弹幕的交互性和实时性，设计一个相似度网络（similarity base network，SBN），根据语义和时间戳分别获取每条弹幕与其周围弹幕（邻域）与其关键帧之间的相似度。邻域相似度越高，关键帧相似度越低，则该弹幕含有剧透的可能性越小。考虑到高噪声特性,本章在框架中实现了交互方差注意(interactive variance attention,IVA)机制,有效地降低了噪声与周围弹幕之间语义相似度较低的影响。

而且在体育比赛类视频中,许多弹幕评论中含有数字信息(如比赛统计数据等),这些数字同样具有丰富的语义,而现有的基于词共现的词嵌入训练方法(如 Word2Vec 等)不能很好地处理数字的语义,这会影响体育比赛类视频的剧透检测性能。基于此,本章设计数字嵌入(number embedding,NE)方法,将数字按数位依次映射为数位语义向量,再通过融合层得到完整数字的语义向量。

实验部分,本章从真实的弹幕视频共享网站优酷与 bilibili 获取真实弹幕评论作为实验数据,并将提出的方法与现有最先进的剧透检测算法进行比较。实验结果表明,SBN-IVA 在电视剧类视频、电影类视频、体育类视频中的剧透检测中分别获得了 0.850、0.811、0.825 的 F_1 分数,其表现优于所有的基线剧透检测算法。在体育类视频加入 EN 方法后,SBN-IVA-EN 取得了 0.837 的 F_1 分数,证明了将数字语义融入模型的有效性。

10.2   问题定义与符号描述

10.2.1   问题定义

本章目标是检测并标记含有剧透内容的弹幕评论。本章构建一个基于相似度的深度学习框架,并采用了监督学习的方法解决该问题。正在处理的弹幕评论称为目标弹幕。框架的核心思想是比较目标弹幕与邻域弹幕的语义相似度、目标弹幕与关键帧弹幕的语义相似度的差异。具体来说,模型首先将弹幕通过单词级注意力编码器表示为语义向量。然后,利用相似度网络与句子级语义方差注意力机制计算目标弹幕的邻域相似度和关键帧相似度。在本章框架中,邻域相似度和关键帧相似度的定义如下所示。

邻域相似度:将目前弹幕前面的几条连续评论定义为前序邻居,将目标弹幕与其前序邻居之间的语义相似度定义为邻域相似度。每条邻域相似度的加权平均作为目标 TSC 的总邻域相似度。目前弹幕的总邻域相似度较高意味着目标弹幕很大概率正在讨论与当前视频内容的话题,因此它不太可能含有剧透内容。

关键帧相似度:关键帧是指视频中最精彩的片段,如电影的结尾、在戏剧中揭露凶手的时刻及体育比赛的关键阶段。与关键帧时间戳接近的弹幕评论包含大量与视频重要情节相关的关键词。如果这些关键词同样出现在时间戳小于关键帧时间戳的弹幕评论中,则这些弹幕评论很可能包含剧透内容。对于每个视频,目标弹幕和每个关键帧之间的相似度定义为关键帧相似度。如果目标弹幕的内容与任何关键帧相似,则其很可能包含剧透内容。因此,模型取最大关键帧相似度作为总关键帧相似度。通过对关键弹幕(带关键词的弹幕)的累积发生率与视频播放时间比进行了定性分析。如图 10.2 所示，关键弹幕通常出现在视频的最后 1/4 部分。因此，关键帧也通常出现在视频的最后 1/4 处。此外，关键帧通常出现在弹幕的最密集时间段[268]。基于此，本章将视频的最后 1/4 部分划分为若干帧，每帧的持续时间为 10s。模型计算每个帧中包含弹幕评论的数量，并选择弹幕数量最多的 P 帧作为关键帧。

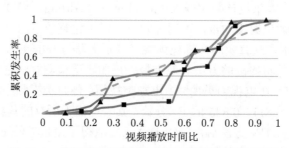

图 10.2　关键弹幕的累积发生率与视频的播放时间比

━━ 电视剧　━■━ 电影　━▲━ 体育　- - - 基线

10.2.2　符号描述

对于每个视频，弹幕序列为 $\mathrm{TSC} = \{\mathrm{TSC}_1, \mathrm{TSC}_2, \cdots, \mathrm{TSC}_L\}$，其中 L 表示视频中弹幕的数量。$T = \{t_1, t_2, \cdots, t_L\}$ 为弹幕对应的时间戳，其中 $t_1 \leqslant t_2 \leqslant \cdots \leqslant t_L$。弹幕 $\mathrm{TSC}_i, i \in [1, L]$ 的对应单词序列定义为 $\mathrm{WL}_i = \{\mathrm{wl}_{i,1}, \mathrm{wl}_{i,2}, \cdots, \mathrm{wl}_{i,K}\}$，其中 K 表示 TSC_i 中的单词数量。

对于目标弹幕 TSC_i，其前序的 R 条弹幕定义为 $\{\mathrm{TSC}_{i-R}, \mathrm{TSC}_{i-R+1}, \cdots,$ $\mathrm{TSC}_{i-1}\}$。由于目前弹幕 TSC_i 与其前序弹幕 $\{\mathrm{TSC}_{i-R}, \mathrm{TSC}_{i-R+1}, \cdots, \mathrm{TSC}_{i-1}\}$ 在视频的弹幕序列中是连续出现的，因此它们的时间戳满足 $t_{i-R} < t_{i-R+1} < \cdots < t_i$。为了简化符号，本章用 $F = \{F_1, F_2, \cdots, F_R\}$ 来表示前序弹幕集合，$\{t_{F_1}, t_{F_2}, \cdots, t_{F_R}\}$ 表示其对应的时间戳，其中 $t_{F_1} \leqslant t_{F_2} \leqslant \cdots \leqslant t_{F_R}$。

视频关键帧的定义为 $\mathrm{KEY} = \{\mathrm{KEY}_1, \mathrm{KEY}_2, \cdots, \mathrm{KEY}_P\}$，其中 P 表示每个视频中关键帧数量。如 10.2.1 节所述，视频最后 1/4 部分中弹幕密度最高的片段作为关键帧。

给定所有弹幕集合 $\mathrm{TSC} = \{\mathrm{TSC}_i | 1 \leqslant i \leqslant L\}$，以及它们对应的时间戳 $T = \{t_1, t_2, \cdots, t_L\}$，本章任务为预测弹幕 TSC_i 是否含有剧透内容。

10.3　剧透检测模型

本节首先使用单词级注意力编码器在 10.3.1 节中提取弹幕的文本特征。然后，在 10.3.2 节提出了相似度网络架构来检测弹幕中的剧透。为了进一步利用弹幕的

实时性和交互性，消除噪声对弹幕的影响，10.3.3 节实现了句子级语义方差注意
力机制，以提高相似度网络的检测精度。最后，10.3.4 节提出了数字嵌入方法，提
高了模型对体育类视频中数字语义的理解与剧透检测性能。

10.3.1 单词级注意力编码器

本节使用基于 Bi-LSTM 的单词级注意力编码器来提取每条弹幕的文本特征。
单词级注意力编码器的结构如图 10.3 所示。

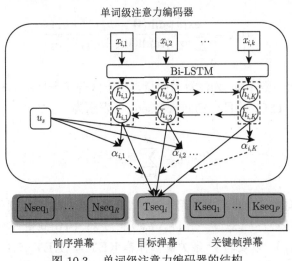

图 10.3 单词级注意力编码器的结构

给定弹幕 TSC_i 的单词序列 $\text{WL}_i = \{\text{wl}_{i,1}, \text{wl}_{i,2}, \cdots, \text{wl}_{i,K}\}$，单词 $\text{wl}_{i,k}$ 可以
表示成固定维度的向量 $x_{i,k}$。词向量用 Skip-Gram[12] 进行预训练，因为这个模型
更适合用来训练弹幕评论这种生词较多的语料。然后，Bi-LSTM[269] 被用于提取
弹幕中的文本特征。

具体来说，对于每个弹幕的单词序列 $\text{WL}_i = \{\text{wl}_{i,1}, \text{wl}_{i,2}, \cdots, \text{wl}_{i,K}\}$，有

$$\overrightarrow{h}_{i,1} = \text{LSTM}(x_{i,1}) \tag{10.3.1}$$

$$\overleftarrow{h}_{i,K} = \text{LSTM}(x_{i,K}) \tag{10.3.2}$$

$$\overrightarrow{h}_{i,k} = \text{LSTM}(x_{i,k}, \overrightarrow{h}_{i,k-1}), k \in [2, K] \tag{10.3.3}$$

$$\overleftarrow{h}_{i,k} = \text{LSTM}(x_{i,k}, \overleftarrow{h}_{i,k+1}), k \in [1, K-1] \tag{10.3.4}$$

$$h_{i,k} = (\overrightarrow{h}_{i,k} || \overleftarrow{h}_{i,k}) \tag{10.3.5}$$

式中，|| 表示向量的拼接。

如本章概述所述，弹幕 TSC_i 中的每个单词 $WL_i = \{wl_{i,1}, wl_{i,2}, \cdots, wl_{i,K}\}$ 在判定弹幕是否存在剧透时权重并不相同。例如，悬疑剧中与生存或失败有关的词，或者刑侦剧中与角色名字相关的词，在剧透检测中更为关键，而一般的虚词或与情感有关的形容词对剧透内容的判断影响较小。因此，本章在单词级编码器上设计注意力机制，以便区分弹幕中对剧透检测影响力较大的词。

给定 Bi-LSTM 的隐状态序列 $[h_{i,1}, h_{i,2}, \cdots, h_{i,K}]$，注意力序列编码器通过以下方式计算注意力值序列 $[\alpha_{i,1}, \alpha_{i,2}, \cdots, \alpha_{i,K}]$：

$$\alpha_{i,k} = \frac{\exp(\tanh(W_s \cdot h_{i,k})^{\mathrm{T}} \cdot u_s)}{\sum_t \exp(\tanh(W_s \cdot h_{i,t})^{\mathrm{T}} \cdot u_s)} \tag{10.3.6}$$

式中，W_s 为权重矩阵；u_s 为注意力向量，用于区分信息性单词和非信息性单词。

最终，弹幕 TSC_i 的目标句向量 $Tseq_i$ 可表示为

$$Tseq_i = \sum_{k=1}^{K} \alpha_{i,k} \cdot h_{i,k} \tag{10.3.7}$$

考虑到弹幕的交互性，本章用上述单词级注意力编码器额外计算目标弹幕 TSC_i 的前 R 条前序弹幕 $F = \{F_1, F_2, \cdots, F_R\}$ 的句向量 $NSEQ = \{Nseq_1, Nseq_2, \cdots, Nseq_R\}$，以及与 P 条关键帧弹幕 $KEY = \{KEY_1, KEY_2, \cdots, KEY_P\}$ 的句向量 $KSEQ = \{Kseq_1, Kseq_2, \cdots, Kseq_P\}$，并将其一并作为相似度网络的输入部分。

10.3.2 相似度网络

相似度网络根据目标弹幕与其邻域弹幕及目标与关键帧之间的语义相似度来判断目标弹幕含有剧透内容的可能性。

图 10.4 显示了相似度网络的架构。经过单词级注意力编码器的处理，可以得到前序弹幕的语义向量 $NSEQ = \{Nseq_1, Nseq_2, \cdots, Nseq_R\}$ 及其对应的时间戳 $t_{F_1} \leqslant t_{F_2} \leqslant \cdots \leqslant t_{F_R}$。针对关键帧模型依然使用单词级注意编码器来获取每条弹幕的语义向量，将一个关键帧中所有弹幕的语义向量取平均，得到 P 个关键帧向量 $KSEQ = \{Kseq_1, \cdots, Kseq_P\}$。

模型首先计算目标弹幕 TSC_i 与其每个前序弹幕 F_r 之间的邻域相似度 $Nsim_r$：

$$Nsim_r = sim(Nseq_r, Tseq_i) \tag{10.3.8}$$

式中，$sim(x,y) = \dfrac{x \cdot y}{|x| \cdot |y|}$。

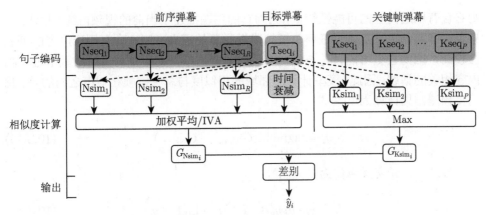

图 10.4   相似度网络的架构

然后，将目标弹幕 TSC_i 与其前序弹幕之间的语义相似度加权平均：

$$G_{\text{Nsim}_i} = \sum_{r=1}^{R} (\text{Nsim}_r \cdot \text{decay}(t_{F_r}, t_i)) \tag{10.3.9}$$

式中

$$\text{decay}(t_{F_r}, t_i) = \frac{\exp(-\beta(t_{F_r} - t_i))}{\sum\limits_{k=1}^{R} \exp(-\beta(t_{F_k} - t_i))} \tag{10.3.10}$$

是时间衰减函数，表示两条弹幕之间的交互特性随时间间隔的增加而减小。如果前序弹幕与目标弹幕之间的时间间隔较长，则其对整体邻域相似度的影响较小。时间衰减率 β 是一个超参数，将在实验部分进行详细讨论。

类似地，剧透监测模型计算目标弹幕 TSC_i 与每个关键帧弹幕 KEY_P 之间的关键帧相似度为 Ksim_p。需要注意的是，这里不引入时间衰减，因为模型不关心关键帧和目标注释之间的时间间隔。另外，只要目标弹幕与任何关键帧弹幕语义相似，则它很可能含有剧透内容。因此，模型将目标 TSC_i 的最大关键帧相似度作为总关键帧相似度 G_{Ksim_i}。

$$\text{Ksim}_P = \text{sim}(\text{Kseq}_p, \text{Tseq}_i) \tag{10.3.11}$$

$$G_{\text{Ksim}_i} = \text{Max.}\{\text{Ksim}_1, \text{Ksim}_2, \cdots, \text{Ksim}_P\} \tag{10.3.12}$$

式中，Max. 表示取最大值操作。

本章将剧透检测抽象作为一个二元分类问题，其中 1 表示目标弹幕含有剧透内容，0 表示不含有。直观地说，如果目标弹幕的语义更接近其前序弹幕的语义，则它含有剧透内容的可能性较低, 因为它的主题描述了当前的视频内容。此外, 如果目标弹幕的语义更接近任何关键帧附近弹幕的语义, 则它含有剧透内容的可能性较高, 因为它更可能讨论与结局有关的重要情节, 而不是与其时间戳附近视频内容相关的话题。因此, 模型计算总邻域的相似度与总关键帧相似度之间的差。我们将预测结果计算为

$$\hat{y}_i = \mathrm{sigmoid}(G_{\mathrm{Ksim}_i} - G_{\mathrm{Nsim}_i}) \tag{10.3.13}$$

最后, 二元交叉熵作为损失函数:

$$L = y_i \cdot \ln \hat{y}_i + (1 - y_i) \cdot \ln(1 - \hat{y}_i) \tag{10.3.14}$$

式中, y_i 为弹幕剧透检测的真实结果, 若目标弹幕含有剧透内容, 则值为 1, 否则值为 0。

10.3.3   句子级语义方差注意力机制

10.3.2 节根据目标弹幕与其前序弹幕之间的加权平均相似度计算了总邻域的相似度。然而, 弹幕数据是高噪声的。若噪声包含在前邻居中, 则很难计算准确的总邻域相似度。因此, 本章实现句子级语义方差注意力 (interactive variance attention, IVA) 机制, 有效地消除了噪声的影响。IVA 机制的目的是通过语义相似度方差来检测噪声, 并赋予噪声较低的权重。句子级语义方差注意力机制的网络架构如图 10.5 所示。

对于每个目标弹幕 TSCi, 其邻居序列 $\{\mathrm{Nseq}_1, \mathrm{Nseq}_2, \cdots, \mathrm{Nseq}_R\}$ 作为整体的输入。

由于噪声与其周围环境的相关性较弱, 模型计算了邻域序列中任意两个 TSC 的相似性。对于每个 Nseq_r, 相似向量由其与整个输入序列中的每条弹幕的语义相似性计算得到。$S_r = \{S_{r,1}, S_{r,2}, \cdots, S_{r,R}\}$:

$$S_{i,j} = \mathrm{sim}(\mathrm{Nseq}_i, \mathrm{Nseq}_j) \tag{10.3.15}$$

然后将该向量标准化:

$$\overline{S}_{i,j} = \mathrm{softmax}(S_{i,j}) \tag{10.3.16}$$

噪声与其周围环境的语义相似性较弱, 与自身的相似性较高, 因此噪声的相似性分布非常集中, 具有较高的相似方差。相反, 非噪声 TSC$_s$ 具有相对平缓的相似性分布和较低的相似性方差。基于这一点, 模型可以通过相似度方差的差异来区分噪声注释和非噪声弹幕。

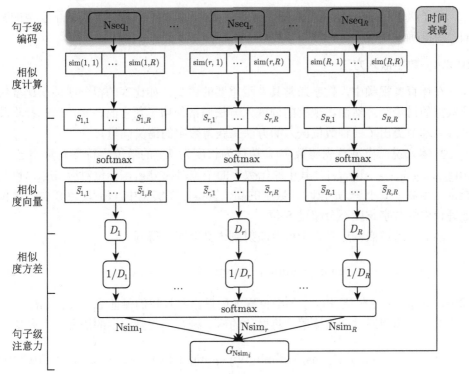

图 10.5   句子级语义方差注意力机制的网络架构

其归一化后的相似度向量 $\overline{S}_r = \{\overline{S}_{r,1}, \overline{S}_{r,2}, \cdots, \overline{S}_{r,R}\}$ 的相似度方差 D_r 为

$$D_r = \frac{1}{R} \sum_{i=1}^{R} (\overline{S}_{r,i} - \text{Ave.}(\overline{S}_r))^2 \tag{10.3.17}$$

式中，$\text{Ave.}(\overline{S}_r)$ 表示归一化相似度向量 $\overline{S}_r$ 的平均值。

$\dfrac{1}{D_r}$ 通过 softmax 函数归一化后为

$$\overline{D}_r = \text{softmax}\left(\frac{1}{D_r}\right) \tag{10.3.18}$$

作为注意力权重，因为较高的方差意味着其与周围评论的相关性较弱，很可能是噪声评论。

最后，模型计算加权后的总邻域相似度 G_{Nsim_r}：

$$G_{\text{Nsim}_i} = \sum_{r=1}^{R} \overline{D}_r \cdot \text{Nsim}_r \cdot \text{decay}(t_{F_r}, t_i) \tag{10.3.19}$$

句子级 IVA 充分地利用弹幕数据的交互性和实时性, 有效地降低了噪声的影响, 更准确地获得了总邻域相似度。

10.3.4　数字嵌入方法

在体育类视频中, 数字通常具有很重要的语义, 如比赛的得分或关于比赛统计数据的讨论等。然而, 现有的词嵌入方法通常忽略了数字的语义, 而选择将其屏蔽。本节提出了一种数位嵌入的方法来获得数字的语义向量。

具体来说, 模型首先将数字 i 转化为长度为 ln 的数位字符串向量 $\mathrm{dig}_i = \{\mathrm{dig}_{i,1}, \mathrm{dig}_{i,2}, \cdots, \mathrm{dig}_{i,ln}\}$, 其中原始数字的个位对应 dig_1, 十位对应 dig_2, 以此类推。当数字 i 小于 ln 位时, 数字的高位置零。在实验中, ln 设为 8 位, 并保证评论中的数字长度不会超过 8 位。

然后, 通过嵌入层将每个数字映射到语义空间, 得到

$$\mathrm{num}_i = \mathrm{num}_{i,1} \oplus \mathrm{num}_{i,2} \cdots \oplus \mathrm{num}_{i,ln} \tag{10.3.20}$$

式中, $\mathrm{num}_{i,j} \in \mathbb{R}^{d_n}$ 是 $\mathrm{dig}_{i,j}$ 的数位嵌入向量, 并且我们保证 $d_n \times ln = d$。

最后, 模型通过全连接层, 将数位的语义融合, 得到数字的语义嵌入向量:

$$\mathrm{ns}_i = \tanh(\mathrm{Wn} \cdot \mathrm{num}_i + \mathrm{bn}) \tag{10.3.21}$$

式中, $\mathrm{Wn} \in \mathbb{R}^{d \times d}$ 为全连接矩阵; $\mathrm{bn} \in \mathbb{R}^d$ 为偏置向量, d 为词向量的维度。

由于电影和电视剧类视频的弹幕评论中, 数字的语义通常意义不大, 因此, 该方法仅用于体育类视频的剧透检测中。

10.4　实　　验

实验部分首先在 10.4.1 节中介绍实验数据集的构建过程, 其次在 10.4.2 节中介绍数据处理方法与实验衡量指标。然后, 10.4.3 节中将本章提出的方法与四种基线算法进行比较以评估方法的有效性。最后, 10.4.4 节将注意层的权重可视化, 以验证注意力机制在单词和句子级别上的性能。

10.4.1　数据集构建

本节所使用的弹幕数据是从中国视频网站优酷[①]和 bilibili[②]中获取的。我们选择电视剧、电影和体育比赛类视频作为数据集的类别, 因为这三类视频的情节或内容很可能被弹幕评论剧透。另外, 这三类视频的剧透弹幕标签可以通过少量的

---

① http://www.Youku.com。
② http://www.Bilibili.com。

关键词进行简单标注，标注的人工成本相对较低。本章收集了 2017 年 11 月至 2018 年 3 月的数据，在这些数据中，每条弹幕都通过人工选择的关键词辅助手动检查标记为剧透弹幕或非剧透弹幕。

为了标记数据，本章首先总结出每个视频中可能存在剧透内容的关键词，并根据关键词筛选出最有可能成为包含剧透的弹幕。其次，本章选择了 3 位较可靠的志愿者做评估员来检查高可能性的剧透弹幕，并根据被标注的疑似剧透弹幕是否与视频的后续关键情节相关，标记最终的数据标签。如果两个或两个以上的评估员认为某条弹幕与关键情节有关，则将其标注为剧透弹幕。初步的统计分析如表 10.1 所示。其中平均弹幕密度是指每秒出现的弹幕的平均数量。

表 10.1　弹幕评论数据集关于剧透标签的统计

参数	类别		
	电视剧	电影	体育
视频总数/个	32	480	501
弹幕总数/条	337568	591254	588036
视频平均弹幕数/条	10549.0	1231.8	1173.7
剧透弹幕总数/条	102677	99868	98204
剧透弹幕比	0.3044	0.1689	0.1670
平均剧透弹幕数/条	3208.7	208.1	196.0
平均弹幕密度/(条/秒)	4.14	0.9223	0.8687

10.4.2　数据集处理与评价指标

由于原始的弹幕文本充满了噪声，因此本章手工去除无意义的弹幕，并建立了一套网络俚语的映射规则，将其替换为文本中的真实意义。例如，233333 表示笑声，66666 意味着视频很精彩，而"前方高能"则意味着视频中接下来会出现可怕的情节或者震撼情节。在此基础上，本章利用开源的中文处理工具箱 Jieba 对弹幕评论进行分词，并去除异常符号。

此外，当用户在发送弹幕时，弹幕对应的视频时间会以时间戳的形式被记录。为了避免连续弹幕之间的时间间隔过长，更好地利用弹幕之间的上下文关系，数据集构建过程中丢弃了弹幕评论少于 300 条或弹幕密度小于 0.1 条/秒的视频。本章随机选择 70% 的数据集作为训练集，20% 的数据集作为测试集，10% 的数据集作为验证集。

实验过程中设置 $R=5$，$P=3$。即在每个视频中，每条目标弹幕选取 5 条前序弹幕，3 个关键帧片段弹幕。此外，时间衰减率 β 是需要确定的超参数。在训练时，β 的值通过验证集调整。Adam 的初始学习率为 0.001，词向量维度为 128。当 $\beta=0.15$ 时，模型得到了最好的结果，关于超参数的调整过程详见 10.4.3 节。

弹幕剧透检测是一个二分类问题[270]，正样本比（即剧透弹幕占比）仅占总样本的 19.83%。只有考虑正样本的预测性能，才能更好地检验模型的性能。因此，本章使用精确率、召回率和 F_1 分数代替精确率来衡量模型的性能。

10.4.3　模型性能比较

为了评估所提模型的性能，本章将所提出的模型与以下基础方法基线进行比较。

（1）KM: 关键词匹配（keyword-matching）方法是最简单的方法，它根据视频中的演员姓名或体育比赛中的比赛分数等关键词筛选剧透弹幕[211,212]。如果弹幕中含有预设的关键词，那么判定为剧透弹幕，设为 1，否则设为 0。

（2）LDA: 这是一种基于隐式 Dirichlet 分布的机器学习方法，由 Guo 和 Ramakrishnan[214] 提出，使用困惑度预测剧透内容。本次实验中，我们将 LDA 的主题数设为 20。

（3）LI-NPP: 该方法引入位置信息（location information，LI）和邻域图概率（neighborhood plot probability，NPP），通过支持向量机（support vector machine，SVM）[217] 来识别具有上下文信息的剧透。在 SVM 中设定核函数为线性核，复杂度常数 $C = 1$。

（4）DN-GAA: 这是一个使用体裁感知注意力机制（genre-aware attention，GAA）的深度神经（deep neural，DN）网络剧透检测模型[218]。

（5）SBN: 10.3.2 节中提出的 SBN 模型。

（6）SBN-WT: 不考虑时间戳（without timestamps）的 SBN 模型。该模型不考虑时间戳的影响，并将式 (10.3.10) 恒等于 1，来验证时间衰减函数在模型中的作用。

（7）SBN-IVA: 10.3.2 节中提出的 SBN 模型与 10.3.3 节中提出的注意力机制结合的完整模型。

（8）SBN-IVA-NE: 在 SBN-IVA 模型的基础上词嵌入加入了 10.3.4 节提出的数字嵌入方法。本节仅对体育类视频进行了数字嵌入方法，因为其他类型视频中数字的语义对剧透监测任务影响不大。

基线方法可能需要调节超参数才能达到最佳性能。因此，本章依次测试了各个基线工作给出的超参数范围内的所有参数可能，并为每种基线方法选择了可以获得最佳预测性能的超参数作为最终结果。

所有模型的实验都重复了 10 次，并以平均值作为最终结果。电视剧、电影和体育类视频中的精确率、召回率和 F_1 分数如表 10.2 所示。

从表 10.2 可以看出，SBN-IVA 在电视剧、电影和体育类视频的精确率、召回率和 F_1 分数方面都取得了最好的成绩。与 Chang 等[218] 提出的最新 DN-GAA 方法相比，SBN-IVA 在 F_1 分数上提高了 13.8%、7.99%、11.8%（平均提高了

11.2%）。在其他基线方法中，KM 方法具有较高的召回率得分和较低的精确率得分，这是因为 KM 将许多剧透弹幕简单地通过关键词判定为剧透弹幕。基于 LDA 的方法性能不佳，因为 LDA 方法不适合处理高噪声、短文本的弹幕数据。LI-NPP 是一种基于 SVM 的监督学习方法，其性能优于无监督学习方法。DN-GAA 是最先进的方法，在基线方法中具有最高的性能。结果表明，当数据足够时，神经网络具有很强的特征提取能力。

表 10.2　各个模型的精确率、召回率和 F_1 分数

(a) 电视剧			
基线	精确率/%	召回率/%	F_1 分数
KM	44.3	**89.2**	0.577
LDA	56.3	65.6	0.606
LI-NPP	67.7	71.3	0.695
DN-GAA	73.0	79.8	0.747
SBN	78.2	79.1	0.779
SBN-WT	76.2	74.3	0.754
SBN-IVA	**84.3**	85.6	**0.850**
(b) 电影			
基线	精确率/%	召回率/%	F_1 分数
KM	39.8	**91.2**	0.545
LDA	49.7	60.4	0.562
LI-NPP	65.4	72.7	0.688
DN-GAA	71.4	79.2	0.751
SBN	72.2	83.3	0.785
SBN-WT	70.8	77.6	0.732
SBN-IVA	**75.3**	85.6	**0.811**
(c) 体育类视频			
基线	精确率/%	召回率/%	F_1 分数
KM	37.3	79.7	0.509
LDA	52.5	58.9	0.555
LI-NPP	66.8	77.8	0.719
DN-GAA	71.8	75.8	0.738
SBN	78.2	80.9	0.789
SBN-WT	72.2	74.9	0.741
SBN-IVA	81.0	84.1	0.825
SBN-IVA-NE	**82.3**	**85.2**	**0.837**

　　虽然 LI-NPP 方法和 DN-GAA 方法比无监督学习方法取得了更好的效果，但它们没有考虑弹幕的特殊性质。本章提出的 SBN 框架充分地考虑了弹幕的实时性和交互性，性能优于 LI-NPP 和 DN-GAA。为了进一步评价弹幕的实时性，本章去掉了 SBN 中的时间衰减函数（令式 (10.3.10) 的衰减函数恒等于 1），得到了 SBN-WT。结果表明，与 SBN-WT 相比，SBN 在三个视频类别的 F_1 分数上分别提高了 3.31%、7.24%、6.47%。这表明，对于那些与目标弹幕有较长时间间隔

的弹幕，需要基于一个较低权重，这些弹幕可能讨论与目标弹幕不同的视频内容。此外，为了评估 IVA 机制的贡献，我们将 SBN 与 SBN-IVA 进行了比较。结果表明，与 SBN 相比，SBN-IVA 对 F_1 分数的提高分别为 9.11%、3.31%、4.56%，说明 IVA 机制能有效地降低噪声的影响。SBN-IVA 模型有效地利用了 TSC 的交互性和实时性，降低了噪声的影响，从而获得了最佳的精确率、召回率和 F_1 分数。

最后的实验验证了数字嵌入方法对体育类视频剧透检测的影响，结果显示，引入数字嵌入方法的 SBN-IVA-NE 模型比 SBN-IVA 模型在 F_1 分数方面分别提高了 1.45%，证明了数字嵌入方法确实可以提高模型对数字的理解，增加体育类视频剧透检测的准确性。

接下来，本节讨论时间衰减率 β 对实验结果的影响。$\beta = 0$ 表示不考虑时间衰减。当时间衰减率 β 增大时，弹幕的交互特性随时间间隔的增大而减弱。本章将 β 的值以 0.05 的步长从 0 调整到 0.5，并计算电视剧、电影和体育类视频中的 F_1 分数。如图 10.6 所示，当 $\beta = 0.15$ 时，衰变率 β 使得模型达到最佳性能。

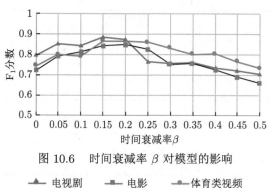

图 10.6   时间衰减率 β 对模型的影响

▲ 电视剧   ■ 电影   ● 体育类视频

最后，本章更改前序弹幕数 R 和关键帧片段数 P，以查看它们对验证集中的实验结果的影响。不同 IVA 参数的精确率、召回率和 F_1 分数结果如表 10.3 与表 10.4 所示。可以发现，F_1 分数随着前序弹幕数 R 和关键帧片段数 P 的增加而

表 10.3   不同 IVA 参数下的精确率，召回率与 F_1 分数（其一）

参数	$P = 1$			$P = 2$		
指标	精确率/%	召回率/%	F_1 分数	精确率/%	召回率/%	F_1 分数
$R = 1$	48.9	47.2	0.480	52.5	56.6	0.525
$R = 2$	58.3	56.3	0.561	63.8	66.2	0.649
$R = 3$	68.8	73.3	0.712	75.9	76.2	0.740
$R = 4$	73.0	76.2	0.744	77.0	82.4	0.797
$R = 5$	77.7	78.1	0.769	81.7	84.5	0.841
$R = 6$	77.9	80.8	0.773	82.0	85.3	0.839

增加。这一结果证明了融合弹幕的交互性和实时性的正确性。当增加前序弹幕时，弹幕与更多的前序弹幕建立了语义关联。当增加关键帧片段数时，弹幕可以与更多视频中的重要片段进行比较。根据表 10.3 与表 10.4，模型选择 $R = 5$，$P = 3$，并且不继续增加 P 和 R，因为这会导致时间效率下降，但精确率、召回率和 F_1 分数没有显著增长。

表 10.4　　不同 IVA 参数下的精确率，召回率与 F_1 分数（其二）

| 参数 | $P = 3$ | | | $P = 4$ | | |
指标	精确率/%	召回率/%	F_1 分数	精确率/%	召回率/%	F_1 分数
$R = 1$	53.7	58.9	0.540	54.5	60.7	0.555
$R = 2$	64.2	68.2	0.652	62.8	69.5	0.673
$R = 3$	81.7	79.7	0.807	80.5	81.1	0.807
$R = 4$	82.2	83.3	0.819	82.9	82.8	0.814
$R = 5$	82.5	86.0	0.846	81.9	86.9	0.850
$R = 6$	83.0	85.4	0.845	82.7	85.5	0.844

10.4.4　注意力机制的可视化

为了进一步说明注意机制在单词和句子层面上的作用，图 10.7 中展示了可视化后的注意力层的权重。这组例子截取自优酷网上的刑侦电视剧《白夜追凶》，弹幕时间戳对应的视频片段如图 10.1 所示。

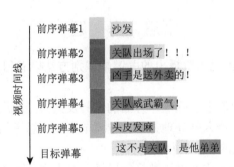

图 10.7　单词级与句子级注意力机制的可视化（见彩图）

图 10.7 中最后一行的弹幕是目标弹幕，其余均为前序弹幕，按时间戳顺序排列。蓝色表示句级 IVA 机制中句子的权重。颜色越深表示该弹幕的 IVA 权重评分越高。同时，红色表示单词在单词级注意力编码器中的权重。颜色越深表示对应单词对弹幕剧透内容的判定影响力越大。

图 10.7 显示了注意力模型的有效性。可以看到，这些弹幕主要讨论与关队（电视剧中《白夜追凶》的主角）有关的话题。句子级 IVA 的权重由语义相似度和时间衰减的乘积计算。前序弹幕 2、前序弹幕 4 的 IVA 得分较高，这意味着它们

与主题相关。相比之下，前序弹幕 1、前序弹幕 5 主要表达用户自身的情感或视频无关的主题（沙发为网络用语，表示第一个发表的评论），因此应归类为噪声，权重较小。

在单词级注意力方面，图 10.7 同样显示了单词级注意力编码器可以选择具有强烈剧透倾向的单词，如"关队""凶手""弟弟"等。其他不重要的词，如"他""是""这""的"都将被丢弃。也就是说，单词级注意力编码器可以通过自注意力机制学习到与剧透相关的关键词。

10.5 本章小结

本章利用弹幕数据提出了一种基于相似性的剧透检测模型。考虑到弹幕评论具有短文本、交互性、实时性和高噪声等特点，可以准确提取扰流器关键词，本章在模型中引入了单词级编码和句子语义方差两层注意力机制。单词级注意力机制编码器筛选出与剧透相关的关键词，语义方差注意力机制赋予噪声评论较低的权重。通过这种方式，模型将弹幕的短文本、交互性和实时性等特性整合到深度框架中，有效地削弱了噪声评论的影响。然后通过邻域相似度和关键帧相似度的差异，准确预测目前弹幕成为剧透弹幕的可能性。在真实数据集上的大量实验证明，IVA 模型在精确率、召回率和 F_1 分数等方面都优于现有的剧透检测方法[①]。

思 考 题

1. 如何进一步优化本章提出的关键帧识别方法以获得更加准确的关键帧相似度？

2. 分析注意力机制在去除噪声方面的优势及其典型应用。

3. 本章中对数字嵌入的处理方法比较简单直接，思考如何对分数、小数、科学记数法等不同形式的数字进行嵌入。

4. 思考如何自动化构建剧透数据集以摆脱对人力标注的依赖。

---

① 本章的工作已经收录于国际会议 CIKM 2019（Interactive Variance Attention based Online Spoiler Detection for Time-Sync Comments）。

第 11 章　总结与展望

短文本信息挖掘是自然语言处理相关研究工作中的一个重点方向，随着近年来人工智能相关技术尤其是神经网络技术的快速发展，相关研究工作也达到了新的高度。但是当前相关模型还存在着诸多缺陷，因此本书从多个方面总结当前关系抽取及弹幕评论研究存在的不足与可能的发展方向，分别予以讨论并且提出对应的改进方法。在此，本章总结全书工作，讨论现有方法（包括本书提出的方法）依然存在的问题，并展望其前进方向。

11.1　短文关系抽取总结

如图 11.1 所示，针对提出的关系抽取工作的研究内容（模型精度、模型效率、模型鲁棒性、模型前沿性），本书提出针对性的解决方法。在模型精度方面，本书提出了基于注意力的胶囊网络模型，提升了多标签关系抽取的精度。在模型效率方面，本书提出了基于句内问答的关系抽取模型，分别在时间复杂度和空间复杂度上有较大幅度的优化。在模型鲁棒性方面，本书系统地分析远程监督关系抽取任务中的噪声分布，提出了四层噪声分布体系，包括：词汇级别噪声、句子级别噪声、先验知识级别噪声和数据分布级别噪声。针对词汇级别噪声，本书提出基于句内问答的关系抽取模型，能够通过关注句内关键词的方式降低无关词汇的干扰；针对句子级别噪声，本书提出正则化多实例学习算法，通过合理利用错误标注样本信息，实现更好的句子级别降噪。针对先验知识级别噪声，本书提出了基于实体类型的迁移学习解决方法，通过实体类型预测任务中蕴含的实体类别知识初始化关系抽取模型的参数，降低了由于先验知识的缺失带来的噪声。针对数据分布级别噪声，本书提出了自聚焦的多任务学习框架，能够在传统关系抽取模型忽视的低频关系抽取上取得较好的精确率。最后，在模型前沿性方面，本书进一步关注自动构建关系抽取数据集中错误标注负样本问题，并针对此问题提出了GAN 驱动的半远程监督关系抽取框架，旨在利用较少的良好标注数据和大规模无标签数据一起提升关系抽取的精度。同时，为了进一步解决关系抽取测试集中大量错误标注负样本导致对关系抽取模型的测评不准的问题，本书提出了基于主动学习的无偏测评方法，旨在提供准确的关系抽取测评方法，并使用该测评方法重新评估了多种最新的神经关系抽取模型。

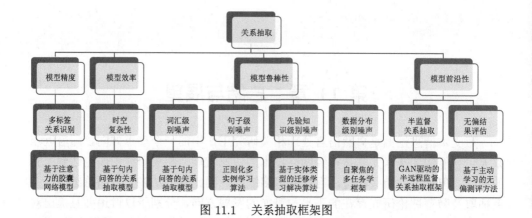

图 11.1　关系抽取框架图

11.1.1　贡献和创新点

围绕着以上四方面主要研究内容，本书主要做出四项贡献：① 提升关系特征拟合精度；② 优化关系特征拟合效率；③ 增强关系抽取模型鲁棒性；④ 探索关系抽取的前沿模型。在四项贡献中包含了八个具体的创新点，可概括如下：

（1）基于注意力的胶囊网络模型的多标签关系抽取。本书应用胶囊网络模型进行多标签关系抽取，特别提出了基于注意力的路由算法，使得胶囊网络模型能够更适用于关系抽取任务。基于注意力的胶囊网络模型在关系抽取任务上表现良好，尤其在多标签关系抽取任务上特别适用。

（2）基于句内问答的高效神经关系抽取。本书关注到神经关系抽取的效率提升，提出了基于句内问答的关系抽取模型，在最大限度地降低词汇间噪声的同时，极大地降低了神经关系抽取模型的时空复杂度。

（3）基于正则化多实例学习算法。本书提出基于正则化的多实例学习算法，在多实例学习的过程中同时利用正确标注的样本和错误标注的样本。其中正确标注样本用来计算交叉熵，错误标注样本用来计算一致性正则项。通过协同使用正确标注样本和错误标注样本，最终提升多实例学习算法的降噪能力。

（4）基于实体类型的迁移学习算法。本书利用基于实体类型的迁移学习算法初始化关系抽取模型的参数，用实体类型的信息作为先验知识来强化关系抽取模型的稳定性，减少随机参数初始化带来的噪声。

（5）基于自聚焦的多任务学习框架。本书提出了自聚焦的多任务学习框架，使得关系抽取及其相关任务能够并行训练。同时，自聚焦的损失函数使得关系抽取模型能够更多地关注到难以分类的低频关系。该框架尤其适用对细粒度关系抽取有额外精度要求的场景。

（6）基于多级别降噪鲁棒关系抽取。本书提出了关系抽取任务中多级别噪声分布的理论,并集成多种降噪方法,实现鲁棒的神经关系抽取模型,取得了当前远程监督关系抽取工作的最好效果。

(7)基于 GAN 的半远程监督关系抽取框架。本书关注到自动化构建的关系抽取数据集中大量的错误标注负样本,并应用 GAN 生成无标签实例的关系特征向量,最终提出半远程监督的新型大规模关系抽取解决方法。

(8)基于主动学习的无偏测评方法。本书关注到远程监督关系抽取相关工作中包含大量错误标注数据的测试集,该测试集极大地误导了关系抽取模型的训练过程,并给出错误的测评结果。因此,本书提出了基于主动学习的无偏测评方法,得到更准确的远程监督关系抽取相关工作的测评结果,并应用该测评方法重新评估了最新的诸多神经关系抽取模型。

11.1.2 现有问题讨论

尽管本书解决了诸多关系抽取任务中现存的问题,但是显然关系抽取相关的研究还存在很多的不足。本书仅提出四点问题讨论,以供抛砖引玉。

(1)语法信息的应用。语法信息曾被成功应用在自然语言处理的诸多任务中。语法树是自然语言研究的重要工具,基于语法树的剪枝工作同样经常被应用于关系抽取任务中[53,224,225,231,271]。然而基于语法树的剪枝工作高度依赖于语法特征的设计,因此该类方法很难应用在大规模关系抽取任务中。因为大规模关系抽取任务中,关系特征非常多样且难以总结模式特征。本书 5.4.3 节的实验结果也证实了以上理论。同时,在神经关系抽取模型蓬勃发展的今天,语言学者大都倾向于使用效果好、入手简单的端到端的基于神经网络的关系抽取模型。然而,语法信息显然值得更多的关注,在端到端的神经网络模型里如何更好地集成语法信息是关系抽取任务现有工作的盲点。显然该方向是关系抽取任务中值得研究的方向。

(2)神经网络模型的效率。最新的诸多神经关系抽取模型大都越来越复杂,如集成模型[174]和基于强化学习的关系抽取[188,189]。尽管以上的工作都取得了卓越的效果,但是均需要大量的计算资源。这一方面导致了以上模型很难应用在实际业务场景,尤其是大规模关系抽取任务;另一方面也提高了关系抽取相关工作的研究成本,没有昂贵的计算资源无法完成新的关系抽取研究。减轻关系抽取相关工作的时间复杂度和空间复杂度既能够促进关系抽取模型的尽快实际应用也能降低关系抽取研究的门槛,让更多的学者参与到关系抽取任务的研究工作中,使得关系抽取模型的提升真正来自于优秀的特征拟合能力而非大量的计算。本书提出的基于句内问答的关系抽取模型是降低神经关系抽取模型复杂度的首次尝试,希望未来有更多的相关工作可以与大家进行分享与讨论。

(3)远程监督关系抽取的缺陷。基于远程监督的关系抽取是实现大规模关系抽取的合理方式,因为该方式能够自动化构建关系抽取数据集,节省了大量人工标注的工作。尽管远程监督的相关方法经过了十年的高速发展，但是该方法依然存在很多问题致使其难以应用于实际的业务场景。本书关注并解决了部分问题，如大量错误标注的负样本和不平衡的数据分布等问题。但是远程监督的关系抽取依然存在大量未解决的问题，本书仅以两个问题为例加以说明：① 利用知识库标注的数据无法区分多标签的情况。举例来说，实体对 [Arthur Lee, Memphis] 在知识库中记录了三类关系"people/person/place_lived"、"people/person/place_born"和"people/person/place_death"，也就是说该实体对同时满足三类较为相似的关系，在不同的语境下能够体现不同的关系特征。然而利用知识库标注关系抽取数据集难以区分哪个句子标注哪种关系。最终结果就是任意包含该实体对的句子都标注了三种关系，这显然是错误的。② 远程监督的关系抽取高度依赖知识库的 schema。现有知识库的 schema 都是人为设计的，存在着不完善的问题。因此，仅以知识库里包含的关系进行关系抽取存在很大的限制。另外，现有知识库包含的关系缺乏良好的拓扑联系，使得关系抽取任务很难利用关系之间的联系等特征。以上两个例子只是现有远程监督关系抽取工作面临的众多问题中的两个。本书在一定程度上解决了多级别噪声的问题，但是依然还有众多其他问题亟待解决。

（4）神经关系抽取模型的缺陷。尽管近年来神经网络模型在关系抽取任务上表现出优秀的效果，但是依然存在诸多可以改进的方面。这里仅以两个问题加以说明：① 现有的神经关系抽取模型都假设所有关系独立同分布，对于候选关系似然概率的预测使用简单的 softmax 方法。然而该方法忽视了关系之间的联系。举例来说，如果已知 [Steven Jobs, born in, San Francisco] 和 [San Francisco, located in, United States] 两个关系三元组，那么根据常识可知 [Steven Jobs, nationality, United States] 关系三元组是成立的，因为三个关系之间存在因果联系。② 大部分现有的神经关系抽取模型均只关注一个句子内的两个实体，缺少对于跨句子实体关系的抽取能力。然而实际情况中很多实体对跨句子存在。例如，关系三元组 [Steven Wozniak, founder, Apple Inc.] 能够从如下两个句子中获取 "Steven Jobs is a founder of Apple Inc. So does Steve Wozniak."。然而现有的神经关系抽取模型还不具备跨句子关系抽取的能力。除了以上两点缺陷，神经关系抽取模型还有其他诸多不足，而正是这些不足激励着语言学者继续完善神经关系抽取的相关研究。

11.2　弹幕评论挖掘研究总结

随着视频分享网站的流行，越来越多用户选择以观看在线视频的方式消遣娱乐。为了满足用户在观看视频时可以相互交流，视频网站提出了一种新型的交互式评论——弹幕评论。弹幕评论是一种用户可以相互交流的评论形式，弹幕内容包括用户对视频内容的讨论、观看视频时的心情或者用户之间的闲聊。弹幕评论是聊天室评论在异步空间上的扩展，它的出现填补了多人在线评论领域的数据缺失问题，为多人在线评论的语义挖掘研究开启了新篇章。通过对弹幕语义挖掘，可以间接获得视频内容、用户喜好等信息，因此具有极大的语义挖掘价值。近年来，弹幕语义的价值逐渐被学者发现。现在已经在视频标签提取、视频推荐系统、视频内容描述与视频高潮提取等多个领域取得进展。

然而，以上关于多人在线评论的研究都是零散的、非系统的。本书以弹幕评论为例，针对多人在线评论的语义分析与挖掘展开了系统的研究。本书将弹幕评论与传统评论进行比较，并总结出其四点特性：短文本、实时性、交互性、高噪声。弹幕的短文本特性使得弹幕语义表示方法的选择受到了限制；弹幕的实时性与交互性使得基于评论独立同分布假设的语义分析模型效果不佳；弹幕的高噪声性则对下游任务的性能产生了极大的影响。因此如何针对弹幕的短文本性选取适当的语义表示模型，利用由弹幕交互性与实时性产生的上下文语义相关性识别并消除噪声是本书的核心思想。围绕该核心思想，本书从标签提取、视频推荐、剧透检测三个基于弹幕评论语义挖掘的下游任务出发，提出若干针对具体任务的弹幕语义研究方法，具体完成了如下工作。

（1）基于图模型与无监督学习的弹幕视频标签提取技术。本书首先提出将弹幕根据其语义关联建图的思想，建立 SAG。这是首个将弹幕语义关联转化为图的工作。然后，本书根据图中的语义关系与弹幕的密度，设计了基于对话的模型与基于主题中心的模型，将描述相同话题聚类，从而初步识别噪声、降低噪声影响。为了进一步区分同一话题中的不同弹幕的影响力，本书根据弹幕的出入度关系设计了图迭代算法，将影响了更多后续弹幕，而被较少的前序弹幕影响的弹幕赋予高权重。结合弹幕所属话题热度与其在话题内的影响力，模型筛选出了高影响力弹幕，进而自动提取了视频标签。基于真实世界数据集的实验表明，该算法比现有的关键词提取算法，尤其是基于主题模型的标签提取算法在标签提取效果上提升明显。该算法充分地考虑了弹幕特性，最大可能地降低了噪声的影响，为评论类语料的语义聚类与噪声检测提供了新的研究思路。

（2）基于神经网络协同过滤模型与注意力机制的羊群效应分析与弹幕推荐系统。弹幕语料中既包含了用户对视频的情感观点，也包含了用户对视频的内容描述，更包括了便于寻找评论对应视频内容的时间节点信息是极佳的视频推荐语料。本书首先只考虑弹幕语义，提出了基于神经网络的协同过滤模型，将弹幕语义分别与用户隐状态和视频隐状态融合，并计算用户-视频偏好度。为了进一步考虑弹幕时间戳对应的视频信息，本书设计了图文融合模型。考虑到弹幕的交互性，某条弹幕的语义可能要结合上下文才能表达完整。因此，本书提出了基于羊群效应的注意力机制，将上下文语义基于语义相似度融合到当前弹幕，获得更加充分的语义表达。基于真实数据集的实验结果表明，该视频推荐方法由于对弹幕语义提取更充分，因此比现有的方法有更好的推荐效果。该方法为评论类语料的上下文语义融合与羊群效应分析提供了启发思路。

（3）基于神经网络分层注意力机制的噪声过滤方法与弹幕剧透检测。为了检测弹幕中的剧透内容，本书首先提出了相似度网络，利用目标弹幕与其邻域弹幕和关键帧弹幕的语义差对比，判别剧透弹幕。然而，剧透检测最大的难点，除了要识别出弹幕中的剧透内容，还要与噪声弹幕加以区别。为此本书设计了双层注意力机制，首先利用单词级注意力机制识别出弹幕评论中的关键词，然后基于弹幕的语义相似度方差，识别噪声弹幕并降低其影响力。最后，考虑到体育类视频中数字语义的关键性，本书额外设计了针对体育类视频弹幕的数字语义嵌入方法，使得数字的语义被充分考虑。真实世界的实验结果表明，相比于现有的方法，该方法能有效地降低噪声的影响，并识别数字的语义，提高剧透检测精度。该方法为评论类语料的特殊话题检测、噪声消除、数字语义识别等研究方向提供了启发。

在以上的弹幕语义分析方法中，不管是基于监督学习还是无监督学习，都充分地结合了弹幕特性，并且针对下游任务进行了适当的调整。可以看出，将弹幕按语义关联，并整体考虑，是弹幕语义分析方法的核心；而识别并消除弹幕中的噪声，并且突出弹幕中的重要信息，是弹幕分析方法的关键。

11.3　展　　望

基于对关系抽取及弹幕评论相关工作的探索和实践，本书提出了如下几方面的研究展望。

（1）关系抽取的扩展——开放提取。传统关系抽取相关的研究工作均需要固定关系类别，缺少不限制关系类型的关系抽取工作，而开放关系抽取（OpenIE）的方法能够弥补这一空白。开放关系抽取同时也是知识获取的重要手段，其有如下优点：① 获得知识体量非常大；② 能够获取新的实体或者关系类型。当然，由于句子、关系等的诸多不确定性，开放式信息提取是比传统关系抽取更具挑战的工作。自 2007 年开始，华盛顿大学已经相继提出若干开放关系抽取系统，如 TextRunner[272]、WOE[273]、Revert[274] 和 Ollie[275]。同时期斯坦福大学的 Shin 等[276] 提出了基于规则的开放知识提取系统 DeepDive；卡内基梅隆大学的 Carlson 等[277] 提出了开放信息抽取系统 NELL。但是 NELL 和 DeepDive 都不具备对于单句输入的处理能力，Ollie 经历了众多改进的版本后依然无法准确地提取出关系三元组。近年来开放信息抽取已经取得了长足的进步，并且有潜力为知识库补全提供大量的数据。然而目前开放信息抽取得到的结果从质量上来说还不足以构成关系三元组，因此本书未来的工作将关注通过开放关系抽取的手段获取准确的关系三元组。

（2）关系抽取的应用——知识补全。知识库补全（knowledge base completion, KBC）是关系抽取任务的一个典型应用场景。知识库将人类知识组织成结构化的知识系统，通常人们花费大量的精力构建了各种结构化的知识库，如 WordNet[34]、Freebase[35] 等。知识库是推动人工智能学科发展和支撑智能信息服务的重要基础技术。近年来随着人工智能研究的兴起，很多知识库相关的应用，如智能搜索（Google 知识图谱）、智能问答系统、个性化推荐、阅读理解等，都通过合理利用知识库取得了长足的发展。知识库作为先验知识，被越来越多地应用到人工智能领域相关研究。然而，现有的知识库都存在知识体量小、知识密度低的缺陷，难以支撑复杂的知识库应用系统。同时，传统基于群智的知识库构建方式大量依赖人力，随着知识库的不断扩大而增速逐渐放慢。而近年来神经关系抽取相关模型的迅速发展，尤其在语义提取方面取得的惊人效果，使得通过神经网络从纯文本中自动化地提取知识成为可能。知识库三类主要元素为实体、关系及实体关系三元组。因此关系抽取工作可以为知识库补全提供有力的技术支撑。反过来说，关系抽取任务未来的研究方向之一是构建更好的知识库。使用关系抽取模型输出的关系三元组进行知识库补全的挑战在于如下三个方面：① 如何确定关系三元组是知识条目；② 如何去掉重复的知识表达；③ 如何提取现存知识库中没有的关系。因此，应用关系抽取模型进行知识补全是本书未来重要的拓展。

（3）弹幕语义表达模型。本书的方法均采用以单词为单位的词嵌入方法。然而，由于中文词汇过于丰富，且弹幕中网络俚语不断新增，因此对部分低频词汇的表达效果不佳。同时，部分弹幕中出现的专有名词，可能需要借助先验知识才能获得更加准确的语义，而不是字面意思。为此，以中文中"字"为最小语料单位，结合知识图谱作为先验知识，设计针对弹幕评论的语义表达模型是未来的一项工作。

（4）弹幕评论的多模态学习。本书在弹幕的标签提取模型中提出了语义关联图的概念。事实上，弹幕的语义关联图也可以通过图嵌入学习的方式结合到神经网络中。如何同时利用弹幕的语义信息与图结构信息，构建多模态学习，是未来基于多模态学习相关工作的一个研究方向。另外，在本书提出的方法中，弹幕的文本特征与图像特征、数字语义特征的融合比较简单，可能仍会造成信息损失。因此，如何针对弹幕评论实时性特点，构造更符合弹幕特性的图文融合模型是多模态学习的另一个重要的研究方向。

（5）弹幕语义的在线分析模型。本书中提出的方法，均为离线学习或半离线学习。然而，弹幕评论是动态添加的，这使得基于离线学习的方法在每次添加新的数据后都需要重新学习，效率低下。另外，除了在线视频，在线直播中同样有大量实时弹幕，现有的方法不能很好地解决。因此，如何设计神经网络在线学习或基于轻量级微调的方法，是未来一个重要的研究方向。

（6）弹幕评论标签的群智标注方法。现有大部分研究工作使用的弹幕标签大多为人工标注，主观性较强，且标记数量较小，限制了模型的表现。最近，多数弹幕网站提供了如"弹幕点赞数量""弹幕举报"等功能，这为弹幕标签标注提供了大量客观的群智标签。因此，如何结合这些功能提供的额外数据标签，设计半人工的弹幕评论标签群智标注方法，增加数据标注的客观性，降低数据标注成本，是未来一个重要的研究方向。

思　考　题

1. 思考如何将远程监督的思想应用到其他不同领域的任务中，以解放数据集标注过程中的人力资源消耗。

2. 探索如何在标注较少甚至无标注的情况下完成关系抽取工作。

3. 思考在短文本处理中对低频词汇的更合理的处理方式。

4. 了解短文本处理任务在实时性上的最新改进。

参 考 文 献

[1] Graves A. Generating sequences with recurrent neural networks. arXiv: 1308.0850, 2013.

[2] Mnih V, Heess N, Graves A, et al. Recurrent models of visual attention. arXiv: 1406.6247, 2014.

[3] Vaswani A, Shazeer N, Parmar N, et al. Attention is all you need. Advances in Neural Information Processing Systems, Long Beach, 2017: 6000-6010.

[4] Hinton G E, Krizhevsky A, Wang S D. Transforming auto-encoders. International Conference on Artificial Neural Networks, Espoo, 2011: 44-51.

[5] Sabour S, Frosst N, Hinton G E. Dynamic routing between capsules. Advances in Neural Information Processing Systems, Long Beach, 2017: 3856-3866.

[6] Hinton G E, Sabour S, Frosst N. Matrix capsules with em routing. Proceedings of the 8th International Conference on Learning Representations, Addis Ababa, 2018.

[7] Zhao W, Ye J B, Yang M, et al. Investigating capsule networks with dynamic routing for text classification. Proceedings of the 2018 Conference on Empirical Methods in Natural Language Processing, Brussels, 2018: 3110-3119.

[8] Wang Q, Qiu J H, Gao D Q, et al. Recurrent capsule network for relations extraction: A practical application to the severity classification of coronary artery disease. arXiv: 1807.06718, 2018.

[9] Yosinski J, Clune J, Bengio Y, et al. How transferable are features in deep neural networks? Advances in Neural Information Processing Systems, Montreal, 2014: 3320-3328.

[10] Pan S J, Yang Q. A survey on transfer learning. IEEE Transactions on Knowledge and Data Engineering, 2010, 22(10): 1345-1359.

[11] Kumagai W. Learning bound for parameter transfer learning. Advances in Neural Information Processing Systems, Barcelona, 2016: 2721-2729.

[12] Mikolov T, Chen K, Corrado G, et al. Efficient estimation of word representations in vector space. Proceedings of the 1th International Conference on Learning Representations, Scottsdale, 2013.

[13] Mikolov T, Sutskever I, Chen K, et al. Distributed representations of words and phrases and their compositionality. Advances in Neural Information Processing Systems, Lake Tahoe, 2013: 3111-3119.

[14] Caruana R. Multitask Learning. Berlin: Springer, 1998: 95-133.

[15] Liu P J, Qiu X P, Huang X J. Recurrent neural network for text classification with multi-task learning. Proceedings of the 25th International Joint Conference on Artificial Intelligence, New York, 2016: 2873-2879.

[16] Liu P F, Qiu X P, Huang X J. Adversarial multi-task learning for text classification. Proceedings of the 55th Annual Meeting of the Association for Computational Linguistics, Vancouver, 2017: 1-10.

[17] Lin Y K, Liu Z Y, Sun M S. Neural relation extraction with multi-lingual attention. Proceedings of the 55th Annual Meeting of the Association for Computational Linguistics, Vancouver, 2017: 34-43.

[18] Kurakin A, Goodfellow I, Bengio S. Adversarial machine learning at scale. arXiv: 1611.01236, 2016.

[19] Goodfellow I, Mcdaniel P, Papernot N. Making machine learning robust against adversarial inputs. Communications of the ACM, 2018, 61(7): 56-66.

[20] Biggio B, Fumera G, Roli F. Security evaluation of pattern classifiers under attack. IEEE Transactions on Knowledge and Data Engineering, 2014, 26(4): 984-996.

[21] Miyato T, Dai A M, Goodfellow I. Adversarial training methods for semi-supervised text classification. 5th International Conference on Learning Representations (ICLR 2017), Toulon, 2017.

[22] Wu Y, Bamman D, Russell S. Adversarial training for relation extraction. Proceedings of the 2017 Conference on Empirical Methods in Natural Language Processing, Copenhagen, 2017: 1778-1783.

[23] Goodfellow I, Pouget-Abadie J, Mirza M, et al. Generative adversarial nets. Advances in Neural Information Processing Systems, Montreal, 2014: 2672-2680.

[24] Brock A, Donahue J, Simonyan K. Large scale GAN training for high fidelity natural image synthesis. Proceedings of the 7th International Conference on Learning Representations, New Orleans, 2019.

[25] Yu L T, Zhang W N, Wang J, et al. Seqgan: Sequence generative adversarial nets with policy gradient. Proceedings of the 31st AAAI Conference on Artificial Intelligence, San Francisco, 2017: 2852-2858.

[26] Qin P D, Xu W R, Wang W Y. Dsgan: Generative adversarial training for distant supervision relation extraction. Proceedings of the 56th Annual Meeting of the Association for Computational Linguistics, Melbourne, 2018: 496-505.

[27] Settles B. Active learning literature survey. Computer Sciences Technical Report 1648, University of Wisconsin-Madison, 2009.

[28] Balcan M F, Urner R. Active Learning - Modern Learning Theory. Encyclopedia of Algorithms. Berlin: Springer, 2014.

[29] Branson S, Wah C, Schroff F, et al. Visual recognition with humans in the loop. European Conference on Computer Vision, Glasgow, 2010: 438-451.

[30] Vijayanarasimhan S, Grauman K. Large-scale live active learning: Training object detectors with crawled data and crowds. International Journal of Computer Vision, 2014, 108(1/2): 97-114.

[31] Nguyen P X, Ramanan D, Fowlkes C C. Active testing: An efficient and robust framework for estimating accuracy. Proceedings of the 35th International Conference on Machine Learning, Stockholm, 2018: 3759-3768.

[32] Allahyari M, Pouriyeh S, Assefi M, et al. A brief survey of text mining: Classification, clustering and extraction techniques. arXiv:1707.02919, 2017.

[33] Feldman R, Dagan I. Knowledge discovery in textual databases (kdt). Proceedings of Knowledge Discovery in Databases, Montreal, 1995.

[34] Miller G A. WordNet: A lexical database for english. Communications of the ACM, 1995, 38(11): 39-41.

[35] Bollacker K, Evans C, Paritosh P, et al. Freebase: A collaboratively created graph database for structuring human knowledge. Proceedings of the 2008 ACM SIGMOD International Conference on Management of Data, Vancouver, 2008: 1247-1250.

[36] Hao Y C, Zhang Y Z, Liu K, et al. An end-to-end model for question answering over knowledge base with cross-attention combining global knowledge. Proceedings of the 55th Annual Meeting of the Association for Computational Linguistics, Vancouver, 2017: 221-231.

[37] Abujabal A, Yahya M, Riedewald M, et al. Automated template generation for question answering over knowledge graphs. Proceedings of the 26th International Conference on World Wide Web, Perth, 2017: 1191-1200.

[38] Yang B S, Mitchell T. Leveraging knowledge bases in LSTMs for improving machine reading. Proceedings of the 55th Annual Meeting of the Association for Computational Linguistics (Volume 1: Long Papers), Vancouver, 2017: 1436-1446.

[39] Chen D Q, Fisch A, Weston J, et al. Reading wikipedia to answer open-domain questions. Proceedings of the 55th Annual Meeting of the Association for Computational Linguistics, Vancouver, 2017: 1870-1879.

[40] Dong X, Gabrilovich E, Heitz G, et al. Knowledge vault: A web-scale approach to probabilistic knowledge fusion. Proceedings of the 20th ACM SIGKDD International Conference on Knowledge Discovery and Data Mining, New York, 2014: 601-610.

[41] Kim Y. Convolutional neural networks for sentence classification. Proceedings of the 2014 Conference on Empirical Methods in Natural Language Processing, Doha, 2014: 1746-1752.

[42] Kalchbrenner N, Grefenstette E, Blunsom P. A convolutional neural network for modelling sentences. Proceedings of the 52nd Annual Meeting of the Association for Computational Linguistics, Baltimore, 2014: 655-665.

[43] Santos C, Gatti M. Deep convolutional neural networks for sentiment analysis of short texts. Proceedings of the 25th International Conference on Computational Linguistics: Technical Papers, Dublin, 2014: 69-78.

[44] Graves A. Supervised Sequence Labelling with Recurrent Neural Networks. Berlin: Springer, 2012: 5-13.

[45] Sutskever I, Vinyals O, Le Q V. Sequence to sequence learning with neural networks. Advances in Neural Information Processing Systems, Montreal, 2014: 3104-3112.

[46] 漆桂林, 高桓, 吴天星. 知识图谱研究进展. 情报工程, 2017, 3(1): 4-25.

[47] Zelenko D, Aone C, Richardella A. Kernel methods for relation extraction. Journal of Machine Learning Research, 2003, 3(2): 1083-1106.

[48] Mooney R J, Bunescu R C. Subsequence kernels for relation extraction. Advances in Neural Information Processing Systems, Cambridge, 2005: 171-178.

[49] Zhou G D, Su J, Zhang J, et al. Exploring various knowledge in relation extraction. Proceedings of the 43rd Annual Meeting on Association for Computational Linguistics, Ann Arbor, 2005: 427-434.

[50] Krizhevsky A, Sutskever I, Hinton G E. Imagenet classification with deep convolutional neural networks. Advances in Neural Information Processing Systems, Lake Tahoe, 2012: 1097-1105.

[51] Wu Y H, Schuster M, Chen Z F, et al. Google's neural machine translation system: Bridging the gap between human and machine translation. arXiv: 1609.08144, 2016.

[52] Zhang D X, Wang D. Relation classification via recurrent neural network. arXiv: 1508.01006, 2015.

[53] Miwa M, Bansal M. End-to-end relation extraction using LSTMs on sequences and tree structures. Proceedings of the 54nd Annual Meeting of the Association for Computational Linguistics, Berlin, 2016: 1105-1116.

[54] Zhou P, Shi W, Tian J, et al. Attention-based bidirectional long short-term memory networks for relation classification. Proceedings of the 54th Annual Meeting of the Association for Computational Linguistics, Berlin, 2016: 207-212.

[55] Mintz M, Bills S, Snow R, et al. Distant supervision for relation extraction without labeled data. Proceedings of the 47th Annual Meeting of the ACL and the 4th International Joint Conference on Natural Language Processing of the AFNLP, Singapore, 2009: 1003-1011.

[56] Riedel S, Yao L M, Mccallum A. Modeling relations and their mentions without labeled text. European Conference on Machine Learning and Knowledge Discovery in Databases, Barcelona, 2010: 148-163.

[57] Hoffmann R, Zhang C, Ling X, et al. Knowledge-based weak supervision for information extraction of overlapping relations. Proceedings of the 49th Annual Meeting of the Association for Computational Linguistics: Human Language Technologies-Volume 1, Portland, 2011: 541-550.

[58] Lin Y K, Shen S Q, Liu Z Y, et al. Neural relation extraction with selective attention over instances. Proceedings of the 54th Annual Meeting of the Association for Computational Linguistics, Berlin, 2016: 2124-2133.

[59] Ji G L, Liu K, He S Z, et al. Distant supervision for relation extraction with sentence-level attention and entity descriptions. Proceedings of the 31st AAAI Conference on Artificial Intelligence, San Francisco, 2017: 3060-3066.

[60] Zhang Y Z, Gan Z, Carin L. Generating text via adversarial training. NIPS Workshop on Adversarial Training, Barcelona, 2016.

[61] Cui W Y, Xiao Y H, Wang H X, et al. Kbqa: Learning question answering over QA corpora and knowledge bases. Proceedings of the VLDB Endowment, 2017, 10(5): 565-576.

[62] Zhang F Z, Yuan N J, Lian D F, et al. Collaborative knowledge base embedding for recommender systems. Proceedings of the 22nd ACM SIGKDD International Conference on Knowledge Discovery and Data Mining, San Francisco, 2016: 353-362.

[63] Le Q, Mikolov T. Distributed representations of sentences and documents. Proceedings of the 31st International Conference on Machine Learning, Beijing, 2014: 1188-1196.

[64] Wang K, Gu L Q, Guo S, et al. Crowdsourcing-based content-centric network: A social perspective. IEEE Network, 2017, 31(5): 28-34.

[65] Wang K, Qi X, Shu L, et al. Toward trustworthy crowdsourcing in the social internet of things. IEEE Wireless Communications, 2016, 23(5): 30-36.

[66] Gu L Q, Wang K, Liu X L, et al. A reliable task assignment strategy for spatial crowdsourcing in big data environment. 2017 IEEE International Conference on Communications (ICC), Paris, 2017: 1-6.

[67] Hyung Z, Park J S, Lee K. Utilizing context-relevant keywords extracted from a large collection of user-generated documents for music discovery. Information Processing and Management, 2017, 53(5): 1185-1200.

[68] Wu B, Zhong E H, Tan B, et al. Crowdsourced time-sync video tagging using temporal and personalized topic modeling. Proceedings of the 20th ACM SIGKDD International Conference on Knowledge Discovery and Data Mining, New York, 2014: 721-730.

[69] Chen X, Zhang Y F, Ai Q Y, et al. Personalized key frame recommendation. Proceedings of the 40th International ACM SIGIR Conference on Research and Development in Information Retrieval, Tokyo, 2017: 315-324.

[70] Turian J, Ratinov L, Bengio Y. Word representations: A simple and general method for semi-supervised learning. Proceedings of the 48th Annual Meeting of the Association for Computational Linguistics, Uppsala, 2010: 384-394.

[71] Mikolov T, Karafit M, Burget L, et al. Recurrent neural network based language model. 11th Annual Conference of the International Speech Communication Association, Antwerp, 2010: 1045-1048.

[72] Mikolov T, Kombrink S, Burget L, et al. Extensions of recurrent neural network language model. 2011 IEEE International Conference on Acoustics, Speech and Signal Processing (ICASSP), Prague, 2011: 5528-5531.

[73] Pennington J, Socher R, Manning C. Glove: Global vectors for word representation. Proceedings of the 2014 Conference on Empirical Methods in Natural Language Processing, Doha, 2014: 1532-1543.

[74] Tai K S, Socher R, Manning C D. Improved semantic representations from tree-structured long short-term memory networks. Proceedings of the 53rd Annual Meeting of the Association for Computational Linguistics and the 7th International Joint Conference on Natural Language Processing (Volume 1: Long Papers), Beijing, 2015: 1556-1566.

[75] Ribeiro M T, Singh S, Guestrin C. "why should I trust you?" explaining the predictions of any classifier. Proceedings of the 22nd ACM SIGKDD International Conference on Knowledge Discovery and Data Mining, San Francisco, 2016: 1135-1144.

[76] Zhang X, Zhao J B, Lecun Y. Character-level convolutional networks for text classification. Advances in Neural Information Processing Systems, Montreal, 2015: 649-657.

[77] Kusner M J, Sun Y, Kolkin N I, et al. From word embeddings to document distances. Proceedings of the 32nd International Conference on Machine Learning (ICML 2015), Lille, 2015: 957-966.

[78] Kenter T, De R M. Short text similarity with word embeddings. Proceedings of the 24th ACM International on Conference on Information and Knowledge Management, Melbourne, 2015: 1411-1420.

[79] Iacobacci I, Pilehvar M T, Navigli R. Sensembed: Learning sense embeddings for word and relational similarity. Proceedings of the 53rd Annual Meeting of the Association for Computational Linguistics and the 7th International Joint Conference on Natural Language Processing (Volume 1), Beijing, 2015: 95-105.

[80] Levy O, Goldberg Y. Neural word embedding as implicit matrix factorization. Advances in Neural Information Processing Systems, Montreal, 2014: 2177-2185.

[81] Radford A, Metz L, Chintala S. Unsupervised representation learning with deep convolutional generative adversarial networks. arXiv: 1511.06434, 2015.

[82] Karpathy A, Li F F. Deep visual-semantic alignments for generating image descriptions. Proceedings of the IEEE Conference on Computer Vision and Pattern Recognition, Boston, 2015: 3128-3137.

[83] Cho K, van Merrinboer B, Gulcehre C, et al. Learning phrase representations using RNN encoder-decoder for statistical machine translation. Proceedings of the 2014 Conference on Empirical Methods in Natural Language Processing, Doha, 2014: 1724-1734.

[84] Salton G, Wong A, Yang C S. A vector space model for automatic indexing. Communications of the ACM, 1975, 18(11): 613-620.

[85] Baeza-Yates R, Ribeiro-Neto B. Modern Information Retrieval, Volume 463. New York: ACM Press, 1999.

[86] Sebastiani F. Machine learning in automated text categorization. ACM Computing Surveys (CSUR), 2002, 34(1): 1-47.

[87] Landauer T K, Foltz P W, Laham D. An introduction to latent semantic analysis. Discourse Processes, 1998, 25(2/3): 259-284.

[88] Hofmann T. Probabilistic latent semantic indexing. Proceedings of the 22nd Annual International ACM SIGIR Conference on Research and Development in Information Retrieval, Berkeley, 1999: 50-57.

[89] Hofmann T. Unsupervised learning by probabilistic latent semantic analysis. Machine Learning, 2001, 42(1/2): 177-196.

[90] Blei D M, Ng A Y, Jordan M I. Latent Dirichlet allocation. Journal of Machine Learning Research, 2003, 3: 993-1022.

[91] Yan X H, Guo J F, Lan Y Y, et al. A biterm topic model for short texts. Proceedings of the 22nd International Conference on World Wide Web, Rio de Janeiro, 2013: 1445-1456.

[92] Li C L, Wang H R, Zhang Z Q, et al. Topic modeling for short texts with auxiliary word embeddings. Proceedings of the 39th International ACM SIGIR Conference on Research and Development in Information Retrieval, Pisa, 2016: 165-174.

[93] Pang B, Lee L. Opinion mining and sentiment analysis. Foundations and Trends ® in Information Retrieval, 2008, 2(1/2): 1-135.

[94] Li F F, Perona P. A Bayesian hierarchical model for learning natural scene categories. 2005 IEEE Computer Society Conference on Computer Vision and Pattern Recognition (Volume 2), San Diego, 2005: 524-531.

[95] Levy O, Goldberg Y, Dagan I. Improving distributional similarity with lessons learned from word embeddings. Transactions of the Association for Computational Linguistics, 2015, 3: 211-225.

[96] Zhao W X, Jiang J, Weng J S, et al. Comparing Twitter and traditional media using topic models. European Conference on Information Retrieval, Dublin, 2011: 338-349.

[97] Weng J S, Lim E P, Jiang J, et al. Twitterrank: Finding topic-sensitive influential Twitterers. Proceedings of the 3rd ACM International Conference on Web Search and Data Mining, New York, 2010: 261-270.

[98] Newman M, Girvan M. Finding and evaluating community structure in networks. Physical Review E, 2004, 69(2): 026113.

[99] Li Y X, He K, Kloster K, et al. Local spectral clustering for overlapping community detection. ACM Transactions on Knowledge Discovery from Data (TKDD), 2018, 12(2): 17.

[100] Chakraborty T, Srinivasan S, Ganguly N, et al. Permanence and community structure in complex networks. ACM Transactions on Knowledge Discovery from Data (TKDD), 2016, 11(2): 14.

[101] Bae S H, Halperin D, West J D, et al. Scalable and efficient flow-based community detection for large-scale graph analysis. ACM Transactions on Knowledge Discovery from Data (TKDD), 2017, 11(3): 32.

[102] Pandove D, Goel S, Rani R. Systematic review of clustering high-dimensional and large datasets. ACM Transactions on Knowledge Discovery from Data (TKDD), 2018, 12(2): 16.

[103] Murtagh F, Legendre P. Ward's hierarchical agglomerative clustering method: Which algorithms implement ward's criterion? Journal of Classification, 2014, 31(3): 274-295.

[104] Murtagh F, Contreras P. Algorithms for hierarchical clustering: An overview. Wiley Interdisciplinary Reviews: Data Mining and Knowledge Discovery, 2012, 2(1): 86-97.

[105] Wang C G, Song Y Q, Roth D, et al. World knowledge as indirect supervision for document clustering. ACM Transactions on Knowledge Discovery from Data (TKDD), 2016, 11(2): 13.

[106] Pang J B, Jia F, Zhang C J, et al. Unsupervised web topic detection using a ranked clustering-like pattern across similarity cascades. IEEE Transactions on Multimedia, 2015, 17(6): 843-853.

[107] Shen Y K, Tan S, Sordoni A, et al. Ordered neurons: Integrating tree structures into recurrent neural networks. International Conference on Learning Representations, Vancouver, 2018.

[108] Bahdanau D, Cho K, Bengio Y. Neural machine translation by jointly learning to align and translate. 3rd International Conference on Learning Representations, San Diego, 2015.

[109] Cho K, van Merriënboer B, Bahdanau D, et al. On the properties of neural machine translation: Encoder–decoder approaches. Proceedings of 8th Workshop on Syntax, Semantics and Structure in Statistical Translation, Doha, 2014: 103-111.

[110] Mueller J, Thyagarajan A. Siamese recurrent architectures for learning sentence similarity. Proceedings of the Association for the Advance of Artificial Intelligence, Phoenix, 2016: 2786-2792.

[111] Xu K, Ba J, Kiros R, et al. Show, attend and tell: Neural image caption generation with visual attention. International Conference on Machine Learning, Lille, 2015: 2048-2057.

[112] Vinyals O, Toshev A, Bengio S, et al. Show and tell: A neural image caption generator. Proceedings of the IEEE Conference on Computer Vision and Pattern Recognition, Boston, 2015: 3156-3164.

[113] Lecun Y, Bengio Y. Convolutional networks for images, speech, and time series. The Handbook of Brain Theory and Neural Networks, 1998, 3361(10): 255-258.

[114] He H, Gimpel K, Lin J J. Multi-perspective sentence similarity modeling with convolutional neural networks. Conference on Empirical Methods in Natural Language Processing, Lisbon, 2015: 1576-1586.

[115] Zhong H X, Guo Z P, Tu C C, et al. Legal judgment prediction via topological learning. Proceedings of the 2018 Conference on Empirical Methods in Natural Language Processing, Brussels, 2018: 3540-3549.

[116] Duan C Q, Cui L, Chen X C, et al. Attention-fused deep matching network for natural language inference. International Joint Conference on Artificial Intelligence, Stockholm, 2018: 4033-4040.

[117] Qian W, Fu C, Zhu Y, et al. Translating embeddings for knowledge graph completion with relation attention mechanism. International Joint Conference on Artificial Intelligence, Stockholm, 2018: 4286-4292.

[118] Liu T Y, Zhang X S, Zhou W H, et al. Neural relation extraction via inner-sentence noise reduction and transfer learning. Conference on Empirical Methods in Natural Language Processing, Brussels, 2018: 2195-2204.

[119] Sukhbaatar S, Weston J, Fergus R, et al. End-to-end memory networks. Advances in Neural Information Processing Systems, Montreal, 2015: 2440-2448.

[120] Yang Z C, Yang D Y, Dyer C, et al. Hierarchical attention networks for document classification. Proceedings of the 2016 Conference of the North American Chapter of the Association for Computational Linguistics: Human Language Technologies, San Diego, 2016: 1480-1489.

[121] Chen H M, Sun M S, Tu C C, et al. Neural sentiment classification with user and product attention. Proceedings of the 2016 Conference on Empirical Methods in Natural Language Processing, Austin, 2016: 1650-1659.

[122] Zhou P, Qi Z Y, Zheng S C, et al. Text classification improved by integrating bidirectional LSTM with two-dimensional max pooling. Proceedings the 26th International Conference on Computational Linguistics: Technical Papers, Osaka, 2016: 3485-3495.

[123] Liu J Z, Chang W C, Wu Y X, et al. Deep learning for extreme multi-label text classification. Proceedings of the 40th International ACM SIGIR Conference on Research and Development in Information Retrieval, Tokyo, 2017: 115-124.

[124] Vaswani A, Shazeer N, Parmar N, et al. Attention is all you need. Proceedings of the 31st International Conference on Neural Information Processing Systems, Long Beach, 2017: 5998-6008.

[125] Devlin J, Chang M W, Lee K, et al. Bert: Pre-training of deep bidirectional transformers for language understanding. Proceedings of the 2019 Conference of the North American Chapter of the Association for Computational Linguistics: Human Language Technologies, Volume 1 (Long and Short Papers), Minneapolis, 2019: 4171-4186.

[126] Shaw P, Uszkoreit J, Vaswani A. Self-attention with relative position representations. Proceedings of Annual Conference of the North American Chapter of the Association for Computational Linguistics: Human Language Technologies, New Orleans, 2018.

[127] You Y J, Jia W J, Liu T Y, et al. Improving abstractive document summarization with salient information modeling. Proceedings of the 57th Conference of the Association for Computational Linguistics, Florence, 2019: 2132-2141.

[128] Kumar A, Irsoy O, Ondruska P, et al. Ask me anything: Dynamic memory networks for natural language processing. International Conference on Machine Learning, New York, 2016: 1378-1387.

[129] Yu A W, Dohan D, Luong M T, et al. Qanet: Combining local convolution with global self-attention for reading comprehension. arXiv: 1804.09541, 2018.

[130] Mccann B, Keskar N S, Xiong C M, et al. The natural language decathlon: Multitask learning as question answering. arXiv: 1806.08730, 2018.

[131] Yao L, Torabi A, Cho K, et al. Video description generation incorporating spatio-temporal features and a soft-attention mechanism. arXiv: 1502.08029, 2015.

[132] Luong M T, Pham H, Manning C D. Effective approaches to attention-based neural machine translation. Proceedings of the 2015 Conference on Empirical Methods in Natural Language Processing, Lisbon, 2015: 1412-1421.

[133] Vaswani A, Bengio S, Brevdo E, et al. Tensor2tensor for neural machine translation. Proceedings of the 13th Conference of the Association for Machine Translation in the Americas (Volume 1: Research Papers), Avignon, 2018: 193-199.

[134] Lample G, Ott M, Conneau A, et al. Phrase-based and neural unsupervised machine translation. Proceedings of the 2018 Conference on Empirical Methods in Natural Language Processing, Brussels, 2018: 5039-5049.

[135] Peters M E, Neumann M, Iyyer M, et al. Deep contextualized word representations. Proceedings of Annual Conference of the North American Chapter of the Association for Computational Linguistics: Human Language Technologies, New Orleans, 2018: 2227-2237.

[136] Yang Z L, Dai Z H, Yang Y M, et al. Xlnet: Generalized autoregressive pretraining for language understanding. Advances in Neural Information Processing Systems, Vancouver, 2019: 5754-5764.

[137] Dai Z H, Yang Z L, Yang Y M, et al. Transformer-xl: Attentive language models beyond a fixed-length context. Proceedings of the 57th Annual Meeting of the Association for Computational Linguistics, Florence, 2019: 2978-2988.

[138] Lee J, Yoon W, Kim S, et al. Biobert: A pre-trained biomedical language representation model for biomedical text mining. Bioinformatics, 2020, 36(4): 1234-1240.

[139] Hearst M A. Automatic acquisition of hyponyms from large text corpora. The 14th International Conference on Computational Linguistics, Nantes, 1992: 539-545.

[140] Berland M, Charniak E. Finding parts in very large corpora. Proceedings of the 37th Annual Meeting of the Association for Computational Linguistics, Stroudsburg, 1999: 57-64.

[141] Pawar S, Palshikar G K, Bhattacharyya P. Relation extraction: A survey. 10.48550/arXiv.1712.05191, 2017.

[142] Kambhatla N. Combining lexical, syntactic, and semantic features with maximum entropy models for information extraction. Proceedings of 42nd Annual Meeting of the Association for Computational Linguistics, Barcelona, 2004: 178-181.

[143] Cortes C, Vapnik V. Support-vector networks. Machine Learning, 1995, 20(3): 273-297.

[144] Jiang J, Zhai C X. A systematic exploration of the feature space for relation extraction. The Conference of the North American Chapter of the Association for Computational Linguistics, Rochester, 2007: 113-120.

[145] Nguyen D P, Matsuo Y, Ishizuka M. Relation extraction from wikipedia using subtree mining. Proceedings of the National Conference on Artificial Intelligence (Volume 22), Vancouver, 2007: 1414.

[146] Chan Y S, Roth D. Exploiting syntactico-semantic structures for relation extraction. Proceedings of the 49th Annual Meeting of the Association for Computational Linguistics, Portland, 2011: 551-560.

[147] Kambhatla N. Minority vote: At-least-n voting improves recall for extracting relations. Proceedings of the COLING/ACL 2006 Main Conference Poster Sessions, Sydney, 2006: 460-466.

[148] Mooney R J, Bunescu R C. Subsequence kernels for relation extraction. Advances in Neural Information Processing Systems, Vancouver, 2006: 171-178.

[149] Collins M, Duffy N. Convolution kernels for natural language. Advances in Neural Information Processing Systems, Vancouver, 2002: 625-632.

[150] Zhang M, Zhang J, Su J. Exploring syntactic features for relation extraction using a convolution tree kernel. Proceedings of the Main Conference on Human Language Technology Conference of the North American Chapter of the Association of Computational Linguistics, New York, 2006: 288-295.

[151] Zhou G D, Zhang M, Ji D H, et al. Tree kernel-based relation extraction with context-sensitive structured parse tree information. Proceedings of the 2007 Joint Conference on Empirical Methods in Natural Language Processing and Computational Natural Language Learning (EMNLP-CoNLL), Prague, 2007: 728-733.

[152] Qian L H, Zhou G D, Kong F, et al. Exploiting constituent dependencies for tree kernel-based semantic relation extraction. Proceedings of the 22nd International Conference on Computational Linguistics, Manchester, 2008: 697-704.

[153] Qian L H, Zhou G D, Zhu Q M, et al. Relation extraction using convolution tree kernel expanded with entity features. Proceedings of the 21st Pacific Asia Conference on Language, Information and Computation, Seoul, 2007: 415-421.

[154] Khayyamian M, Mirroshandel S A, Abolhassani H. Syntactic tree-based relation extraction using a generalization of collins and duffy convolution tree kernel. Proceedings of Human Language Technologies: The 2009 Annual Conference of the North American Chapter of the Association for Computational Linguistics, Companion Volume: Student Research Workshop and Doctoral Consortium, Boulder, 2009: 66-71.

[155] Sun L, Han X P. A feature-enriched tree kernel for relation extraction. Proceedings of the 52nd Annual Meeting of the Association for Computational Linguistics, Baltimore, 2014: 61-67.

[156] Culotta A, Sorensen J. Dependency tree kernels for relation extraction. Proceedings of the 42nd Annual Meeting on Association for Computational Linguistics, Barcelona, 2004: 423-429.

[157] Harabagiu S, Bejan C A, Morarescu P. Shallow semantics for relation extraction. Proceedings of the 19th International Joint Conference on Artificial Intelligence, Edinburgh, 2005: 1061-1066.

[158] Bunescu R C, Mooney R J. A shortest path dependency kernel for relation extraction. Proceedings of the 2005 Conference on Human Language Technology and Empirical Methods in Natural Language Processing, Vancouver, 2005: 724-731.

[159] Reichartz F, Korte H, Paass G. Dependency tree kernels for relation extraction from natural language text. Joint European Conference on Machine Learning and Knowledge Discovery in Databases, Berlin, 2009: 270-285.

[160] Zhang M, Zhang J, Su J, et al. A composite kernel to extract relations between entities with both flat and structured features. Proceedings of the 21st International Conference on Computational Linguistics and the 44th Annual Meeting of the Association for Computational Linguistics, Gothenburg, 2006: 825-832.

[161] Zhao S B, Grishman R. Extracting relations with integrated information using kernel methods. Proceedings of the 43rd Annual Meeting on Association for Computational Linguistics, Ann Arbor, 2005: 419-426.

[162] Nguyen T V T, Moschitti A, Riccardi G. Convolution kernels on constituent, dependency and sequential structures for relation extraction. Proceedings of the 2009 Conference on Empirical Methods in Natural Language Processing, Singapore, 2009: 1378-1387.

[163] Wang C, Fan J, Kalyanpur A, et al. Relation extraction with relation topics. Proceedings of the 2011 Conference on Empirical Methods in Natural Language Processing, Edinburgh, 2011: 1426-1436.

[164] Wang C, Kalyanpur A, Fan J, et al. Relation extraction and scoring in deepqa. IBM Journal of Research and Development, 2012, 56: 9.

[165] Liu C Y, Sun W B, Chao W H, et al. Convolution neural network for relation extraction. International Conference on Advanced Data Mining and Applications, Foshan, 2013: 231-242.

[166] Zeng D J, Liu K, Lai S W, et al. Relation classification via convolutional deep neural network. Proceedings of the 25th International Conference on Computational Linguistics: Technical Papers, Dublin, 2014: 2335-2344.

[167] Santos C N D, Xiang B, Zhou B W. Classifying relations by ranking with convolutional neural networks. Proceedings of the 53rd Annual Meeting of the Association for Computational Linguistics and the 7th International Joint Conference on Natural Language Processing, Beijing, 2015: 626-634.

[168] Zhang S, Zheng D Q, Hu X C, et al. Bidirectional long short-term memory networks for relation classification. Proceedings of the 29th Pacific Asia Conference on Language, Information and Computation, Shanghai, 2015: 73-78.

[169] Wang L L, Cao Z, Melo G D, et al. Relation classification via multi-level attention cnns. Proceedings of the 54th Annual Meeting of the Association for Computational Linguistics, Berlin, 2016: 1298-1307.

[170] Zhu J Z, Qiao J Z, Dai X X, et al. Relation classification via target-concentrated attention cnns. International Conference on Neural Information Processing, Bali, 2017: 137-146.

[171] Xu K, Feng Y S, Huang S F, et al. Semantic relation classification via convolutional neural networks with simple negative sampling. Proceedings of the 2015 Conference on Empirical Methods in Natural Language Processing, Lisbon, 2015: 536-540.

[172] Xu Y, Jia R, Mou L L, et al. Improved relation classification by deep recurrent neural networks with data augmentation. Proceedings of the 26th International Conference on Computational Linguistics: Technical Papers, Osaka, 2016: 1461-1470.

[173] Nguyen T H, Grishman R. Combining neural networks and log-linear models to improve relation extraction. arXiv: 1511.05926, 2015.

[174] Yang D D, Wang S Z, Li Z J. Ensemble neural relation extraction with adaptive boosting. Proceedings of the 27th International Joint Conference on Artificial Intelligence, Stockholm, 2018: 4532-4538.

[175] Rink B, Harabagiu S. Utd: Classifying semantic relations by combining lexical and semantic resources. Proceedings of the 5th International Workshop on Semantic Evaluation, Uppsala, 2010: 256-259.

[176] Surdeanu M, Tibshirani J, Nallapati R, et al. Multi-instance multi-label learning for relation extraction. Proceedings of the 2012 Joint Conference on Empirical Methods in Natural Language Processing and Computational Natural Language Learning, Jeju Island, 2012: 455-465.

[177] Angeli G, Tibshirani J, Wu J, et al. Combining distant and partial supervision for relation extraction. Proceedings of the 2014 Conference on Empirical Methods in Natural Language Processing, Doha, 2014: 1556-1567.

[178] Fan M, Zhao D L, Zhou Q, et al. Distant supervision for relation extraction with matrix completion. Proceedings of the 52nd Annual Meeting of the Association for Computational Linguistics, Baltimore, 2014: 839-849.

[179] Han X P, Sun L. Global distant supervision for relation extraction. Proceedings of the 30th AAAI Conference on Artificial Intelligence, Phoenix, 2016: 2950-2956.

[180] Zeng D J, Liu K, Chen Y B, et al. Distant supervision for relation extraction via piecewise convolutional neural networks. Proceedings of the 2015 Conference on Empirical Methods in Natural Language Processing, Lisbon, 2015: 1753-1762.

[181] Mnih V, Heess N, Graves A, et al. Recurrent models of visual attention. Advances in Neural Information Processing Systems, Montreal, 2014: 2204-2212.

[182] Han X, Yu P F, Liu Z Y, et al. Hierarchical relation extraction with coarse-to-fine grained attention. Proceedings of the 2018 Conference on Empirical Methods in Natural Language Processing, Brussels, 2018: 2236-2245.

[183] Du J H, Han J G, Way A, et al. Multi-level structured self-attentions for distantly supervised relation extraction. Proceedings of the 2018 Conference on Empirical Methods in Natural Language Processing, Brussels, 2018: 2216-2225.

[184] Luo B F, Feng Y S, Wang Z, et al. Learning with noise: Enhance distantly supervised relation extraction with dynamic transition matrix. Proceedings of the 55th Annual Meeting of the Association for Computational Linguistics, Vancouver, 2017: 430-439.

[185] Yaghoobzadeh Y, Adel H, Schütze H. Noise mitigation for neural entity typing and relation extraction. Proceedings of the 15th Conference of the European Chapter of the Association for Computational Linguistics, Valencia, 2017: 1183-1194.

[186] Ren X, Wu Z Q, He W Q, et al. Cotype: Joint extraction of typed entities and relations with knowledge bases. Proceedings of the 26th International Conference on World Wide Web, Perth, 2017: 1015-1024.

[187] Liu T Y, Wang K X, Chang B B, et al. A soft-label method for noise-tolerant distantly supervised relation extraction. Proceedings of the 2017 Conference on Empirical Methods in Natural Language Processing, Copenhagen, 2017: 1790-1795.

[188] Feng J, Huang M L, Zhao L, et al. Reinforcement learning for relation classification from noisy data. Proceedings of the 32nd AAAI Conference on Artificial Intelligence, New Orleans, 2018: 5779-5786.

[189] Qin P D, Xu W R, Wang W Y. Robust distant supervision relation extraction via deep reinforcement learning. Proceedings of the 56th Annual Meeting of the Association for Computational Linguistics, Melbourne, 2018: 2137-2147.

[190] Vashishth S, Joshi R, Prayaga S S, et al. Reside: Improving distantly-supervised neural relation extraction using side information. Proceedings of the 2018 Conference on Empirical Methods in Natural Language Processing, Brussels, 2018: 1257-1266.

[191] Wang G Y, Zhang W, Wang R X, et al. Label-free distant supervision for relation extraction via knowledge graph embedding. Proceedings of the 2018 Conference on Empirical Methods in Natural Language Processing, Brussels, 2018: 2246-2255.

[192] Su S, Jia N N, Cheng X, et al. Exploring encoder-decoder model for distant supervised relation extraction. Proceedings of the 27th International Joint Conference on Artificial Intelligence, Stockholm, 2018: 4389-4395.

[193] Li J F, Liao Z Y, Zhang C X, et al. Event detection on online videos using crowdsourced time-sync comment. Proceedings of 7th International Conference on Cloud Computing and Big Data (CCBD), Macau, 2016: 52-57.

[194] Ping Q, Chen C M. Video highlights detection and summarization with lag-calibration based on concept-emotion mapping of crowdsourced time-sync comments. Proceedings of the Workshop on New Frontiers in Summarization, Copenhagen, 2017: 1-11.

[195] Lv G Y, Xu T, Chen E H, et al. Reading the videos: Temporal labeling for crowd-sourced time-sync videos based on semantic embedding. Proceedings of the 30th AAAI Conference on Artificial Intelligence, Phoenix, 2016.

[196] Xu L L, Zhang C. Bridging video content and comments: Synchronized video description with temporal summarization of crowdsourced time-sync comments. Proceedings of the Association for the Advance of Artificial Intelligence, San Francisco, 2017: 1611-1617.

[197] Pan Z G, Li X W, Cui L, et al. Video clip recommendation model by sentiment analysis of time-sync comments. Multimedia Tools and Applications, 2020, 79(5): 1-18.

[198] Wu Z P, Zhou Y, Wu D, et al. Crowdsourced time-sync video recommendation via semantic-aware neural collaborative filtering. International Conference on Web Engineering, Daejeon, 2019: 171-186.

[199] Lv G Y, Xu T, Liu Q, et al. Gossiping the videos: An embedding-based generative adversarial framework for time-sync comments generation. Pacific-Asia Conference on Knowledge Discovery and Data Mining, Macau, 2019: 412-424.

[200] Ma S M, Cui L, Dai D M, et al. Livebot: Generating live video comments based on visual and textual contexts. Proceedings of the AAAI Conference on Artificial Intelligence (Volume 33), Hawaii, 2019: 6810-6817.

[201] Liao Z Y, Xian Y K, Yang X, et al. Tscset: A crowdsourced time-sync comment dataset for exploration of user experience improvement. 23rd International Conference on Intelligent User Interfaces, Tokyo, 2018: 641-652.

[202] Mihalcea R, Tarau P. TextRank: Bringing order into texts. Proceedings of the Conference on Empirical Methods in Natural Language Processing, Barcelona, 2004: 8-15.

[203] Yin J H, Wang J Y. A dirichlet multinomial mixture model-based approach for short text clustering. Proceedings of the 20th ACM SIGKDD International Conference on Knowledge Discovery and Data Mining, New York, 2014: 233-242.

[204] Yin J H, Wang J Y. A model-based approach for text clustering with outlier detection. Proceedings of IEEE 32nd International Conference on Data Engineering, Helsinki, 2016: 625-636.

[205] He M, Ge Y, Wu L, et al. Predicting the popularity of danmu-enabled videos: A multi-factor view. Proceedings of International Conference on Database Systems for Advanced Applications, Dallas, 2016: 351-366.

[206] Tchernichovski O, King M, Brinkmann P, et al. Tradeoff between distributed social learning and herding effect in online rating systems: Evidence from a real-world intervention. SAGE Open, 2017, 7(1): 215824401769107.

[207] Mcauley J, Leskovec J. Hidden factors and hidden topics: Understanding rating dimensions with review text. Proceedings of RecSys, Hong Kong, 2013: 165-172.

[208] Diao Q M, Qiu M, Wu C Y, et al. Jointly modeling aspects, ratings and sentiments for movie recommendation (jmars). Proceedings of SIGKDD, New York, 2014: 193-202.

[209] He R N, Mcauley J. VBPR: Visual Bayesian personalized ranking from implicit feedback. Proceedings of the Association for the Advance of Artificial Intelligence, Phoenix, 2016: 144-150.

[210] Seo S, Huang J, Yang H, et al. Interpretable convolutional neural networks with dual local and global attention for review rating prediction. Proceedings of RecSys, Como, 2017: 297-305.

[211] Golbeck J. The Twitter mute button: A web filtering challenge. Proceedings of the SIGCHI Conference on Human Factors in Computing Systems, Austin, 2012: 2755-2758.

[212] Nakamura S, Tanaka K. Temporal filtering system to reduce the risk of spoiling a user's enjoyment. Proceedings of the 12th International Conference on Intelligent User Interfaces, Honolulu, 2007: 345-348.

[213] Maeda K, Hijikata Y, Nakamura S. A basic study on spoiler detection from review comments using story documents. Proceedings of IEEE/WIC/ACM International Conference on Web Intelligence (WI), Omaha, 2016: 572-577.

[214] Guo S, Ramakrishnan N. Finding the storyteller: Automatic spoiler tagging using linguistic cues. Proceedings of the 23rd International Conference on Computational Linguistics, Beijing, 2010: 412-420.

[215] Iwai H, Hijikata Y, Ikeda K, et al. Sentence-based plot classification for online review comments. Proceedings of 2014 IEEE/WIC/ACM International Joint Conferences on Web Intelligence (WI) and Intelligent Agent Technologies (Volume 1), Warsaw, 2014: 245-253.

[216] Jeon S, Kim S, Yu H. Don't be spoiled by your friends: Spoiler detection in TV program tweets. 7th International AAAI Conference on Weblogs and Social Media, Palo Alto, 2013.

[217] Hijikata Y, Iwai H, Nishida S. Context-based plot detection from online review comments for preventing spoilers. Proceedings of 2016 IEEE/WIC/ACM International Conference on Web Intelligence (WI), Omaha, 2016: 57-65.

[218] Chang B R, Kim H, Kim R, et al. A deep neural spoiler detection model using a genre-aware attention mechanism. Pacific-Asia Conference on Knowledge Discovery and Data Mining, Melbourne, 2018: 183-195.

[219] Zhang Z S, Zhao H, Qin L H. Probabilistic graph-based dependency parsing with convolutional neural network. Proceedings of the 54th Annual Meeting of the Association for Computational Linguistics, Berlin, 2016: 1382-1392.

[220] Hinton G E, Sabour S, Frosst N. Matrix capsules with EM routing. Proceedings of the 6th International Conference on Learning Representations, Vancouver, 2018.

[221] Hendrickx I, Kim S N, Kozareva Z, et al. Semeval-2010 task 8: Multi-way classification of semantic relations between pairs of nominals. Proceedings of the Workshop on Semantic Evaluations, Uppsala, 2009.

[222] Kingma D, Ba J. Adam: A method for stochastic optimization. Proceedings of the 5th International Conference on Learning Representations, Toulon, 2015.

[223] Srivastava N, Hinton G E, Krizhevsky A, et al. Dropout: A simple way to prevent neural networks from overfitting. Journal of Machine Learning Research, 2014, 15(1): 1929-1958.

[224] Liu T Y, Zhang X S, Zhou W H, et al. Neural relation extraction via inner-sentence noise reduction and transfer learning. Proceedings of the 2018 Conference on Empirical Methods in Natural Language Processing, Brussels, 2018.

[225] Xu Y, Mou L L, Li G, et al. Classifying relations via long short term memory networks along shortest dependency paths. Proceedings of the 2015 Conference on Empirical Methods in Natural Language Processing, Lisbon, 2015: 1785-1794.

[226] Bordes A, Usunier N, Garcia-Duran A, et al. Translating embeddings for modeling multi-relational data. Advances in Neural Information Processing Systems, Lake Tahoe, 2013: 2787-2795.

[227] He K M, Zhang X Y, Ren S Q, et al. Deep residual learning for image recognition. Proceedings of the 2016 IEEE Conference on Computer Vision and Pattern Recognition, Las Vegas, 2016: 770-778.

[228] Finkel J R, Grenager T, Manning C. Incorporating non-local information into information extraction systems by gibbs sampling. Proceedings of the 43rd Annual Meeting on Association for Computational Linguistics, Ann Arbor, 2005: 363-370.

[229] Japkowicz N, Stephen S. The class imbalance problem: A systematic study. Intelligent Data Analysis, 2002, 6(5): 429-449.

[230] Garcia E A, He H. Learning from imbalanced data. IEEE Transactions on Knowledge and Data Engineering, 2009, 21(9): 1263-1284.

[231] Chen D Q, Manning C. A fast and accurate dependency parser using neural networks. Proceedings of the 2014 Conference on Empirical Methods in Natural Language Processing, Doha, 2014: 740-750.

[232] Lin T Y, Goyal P, Girshick R, et al. Focal loss for dense object detection. The IEEE International Conference on Computer Vision, Venice, 2017: 2999-3007.

[233] Settles B. Active learning literature survey. Technical Report, University of Wisconsin-Madison Department of Computer Sciences, 2009.

[234] Liu P F, Qiu X P, Huang X J. Adversarial multi-task learning for text classification. Proceedings of the 55th Annual Meeting of the Association for Computational Linguistics, Vancouver, 2017: 1-10.

[235] Qin P D, Xu W R, Wang W Y. Dsgan: Generative adversarial training for distant supervision relation extraction. Proceedings of the 56th Annual Meeting of the Association for Computational Linguistics, Melbourne, 2018: 496-505.

[236] Raamkumar A S, Foo S, Pang N. Using author-specified keywords in building an initial reading list of research papers in scientific paper retrieval and recommender systems. Information Processing and Management, 2017, 53(3): 577-594.

[237] Ramaboa K, Fish P. Keyword length and matching options as indicators of search intent in sponsored search. Information Processing and Management, 2018, 54(2): 175-183.

[238] Huang F L, Li X L, Zhang S C, et al. Overlapping community detection for multimedia social networks. IEEE Transactions on Multimedia, 2017, 19(8): 1881-1893.

[239] Fortunato S. Community detection in graphs. Physics Reports, 2010, 486(3): 75-174.

[240] Lancichinetti A, Fortunato S. Community detection algorithms: A comparative analysis. Physical Review E, 2009, 80(5): 056117.

[241] Lancichinetti A, Fortunato S, Radicchi F. Benchmark graphs for testing community detection algorithms. Physical Review E, 2008, 78(4): 046110.

[242] Galler B A, Fisher M J. An improved equivalence algorithm. Communications of the ACM, 1964, 7(5): 301-303.

[243] Tarjan R E. Efficiency of a good but not linear set union algorithm. Journal of the ACM (JACM), 1975, 22(2): 215-225.

[244] Fredman M, Saks M. The cell probe complexity of dynamic data structures. Proceedings of the 21st Annual ACM Symposium on Theory of Computing, Seattle, 1989: 345-354.

[245] Murtagh F, Downs G, Contreras P. Hierarchical clustering of massive, high dimensional data sets by exploiting ultrametric embedding. SIAM Journal on Scientific Computing, 2008, 30(2): 707-730.

[246] Bentley J L. Multidimensional binary search trees used for associative searching. Communications of the ACM, 1975, 18(9): 509-517.

[247] Alstrup S, Brodal G S, Rauhe T. New data structures for orthogonal range searching. Proceedings of 41st Annual Symposium on Foundations of Computer Science, Redondo Beach, 2000: 198-207.

[248] Bentley J L. K-d trees for semidynamic point sets. Proceedings of the 6th Annual Symposium on Computational Geometry, Berkeley, 1990: 187-197.

[249] Friedman J H, Bentley J L, Finkel R A. An algorithm for finding best matches in logarithmic expected time. ACM Transactions on Mathematical Software (TOMS), 1977, 3(3): 209-226.

[250] Lee D T, Wong C K. Worst-case analysis for region and partial region searches in multidimensional binary search trees and balanced quad trees. Acta Informatica, 1977, 9(1): 23-29.

[251] Tarjan R E. A class of algorithms which require nonlinear time to maintain disjoint sets. Journal of Computer and System Sciences, 1979, 18(2): 110-127.

[252] Li S, Zhao Z, Hu R F, et al. Analogical reasoning on chinese morphological and semantic relations. Proceedings of the 56th Annual Meeting of the Association for Computational Linguistics, Melbourne, 2018: 138-143.

[253] Levy O, Goldberg Y. Linguistic regularities in sparse and explicit word represen-
tations. Proceedings of the 18th Conference on Computational Natural Language
Learning, Ann Arbor, 2014: 171-180.

[254] Wu B B, Yang J, He L. Chinese hownet-based multi-factor word similarity algorithm
integrated of result modification. International Conference on Neural Information
Processing, Doha, 2012: 256-266.

[255] Dong Z D, Dong Q. Hownet-a hybrid language and knowledge resource. Proceedings
of 2003 International Conference on Natural Language Processing and Knowledge
Engineering, Beijing, 2003: 820-824.

[256] Zhu M. Recall, precision and average precision. Waterloo: University of Waterloo,
2004: 30.

[257] Guo J F, Cheng X Q, Xu G, et al. Intent-aware query similarity. Proceedings of the
20th ACM International Conference on Information and Knowledge Management,
Glasgow, 2011: 259-268.

[258] Bordino I, Castillo C, Donato D, et al. Query similarity by projecting the query-flow
graph. Proceedings of the 33rd International ACM SIGIR Conference on Research
and Development in Information Retrieval, Geneva, 2010: 515-522.

[259] Jannach D, Ludewig M. When recurrent neural networks meet the neighborhood for
session-based recommendation. Proceedings of RecSys, Como, 2017: 306-310.

[260] Perera D, Zimmermann R. Exploring the use of time-dependent cross-network infor-
mation for personalized recommendations. Proceedings of ACM MM, Mountain View,
2017: 1780-1788.

[261] Bauman K, Liu B, Tuzhilin A. Aspect based recommendations: Recommending items
with the most valuable aspects based on user reviews. Proceedings of SIGKDD, Hal-
ifax, 2017: 717-725.

[262] Gao J Y, Zhang T Z, Xu C S. A unified personalized video recommendation via
dynamic recurrent neural networks. Proceedings of ACM MM, Mountain View, 2017:
127-135.

[263] Mei T, Yang B, Hua X S, et al. Contextual video recommendation by multimodal
relevance and user feedback. ACM Transactions on Information Systems, 2011, 29(2):
10.

[264] Kiros R, Salakhutdinov R, Zemel R. Multimodal neural language models. Proceedings
of ICML, Beijing, 2014: 595-603.

[265] Schuster M, Paliwal K K. Bidirectional recurrent neural networks. IEEE Transactions
on Signal Processing, 1997, 45(11): 2673-2681.

[266] Manning C D, Surdeanu M, Bauer J, et al. The Stanford CoreNLP natural language
processing toolkit. Proceedings of 52nd Annual Meeting of the Association for Com-
putational Linguistics: System Demonstrations, Baltimore, 2014: 55-60.

[267] Clevert D A, Unterthiner T, Hochreiter S. Fast and accurate deep network learning
by exponential linear units (elus). arXiv: 1511.07289, 2015.

[268] Xian Y K, Li J F, Zhang C X, et al. Video highlight shot extraction with time-sync comment. Proceedings of the 7th International Workshop on Hot Topics in Planet-Scale Mobile Computing and Online Social Networking, Hangzhou, 2015: 31-36.

[269] Hochreiter S, Schmidhuber J. Long short-term memory. Neural Computation, 1997, 9(8): 1735-1780.

[270] Jeon S, Kim S, Yu H. Spoiler detection in TV program tweets. Information Sciences, 2016, 329: 220-235.

[271] de Marneffe M C, Manning C D. The stanford typed dependencies representation. Proceedings of the Workshop on Cross-Framework and Cross-Domain Parser Evaluation, Manchester, 2008: 1-8.

[272] Banko M, Cafarella M J, Soderland S, et al. Open information extraction from the web. Proceedings of the 20th International Joint Conference on Artificial Intelligence, Hyderabad, 2007: 2670-2676.

[273] Wu F, Weld D S. Open information extraction using wikipedia. Proceedings of the 48th Annual Meeting of the Association for Computational Linguistics, Uppsala, 2010: 118-127.

[274] Fader A, Soderland S, Etzioni O. Identifying relations for open information extraction. Proceedings of the 2011 Conference on Empirical Methods in Natural Language Processing, Edinburgh, 2011: 1535-1545.

[275] Schmitz M, Bart R, Soderland S, et al. Open language learning for information extraction. Proceedings of the 2012 Joint Conference on Empirical Methods in Natural Language Processing and Computational Natural Language Learning, Jeju Island, 2012: 523-534.

[276] Shin J, Wu S, Wang F R, et al. Incremental knowledge base construction using deepdive. Proceedings of the VLDB Endowment, 2015, 8(11): 1310-1321.

[277] Carlson A, Betteridge J, Kisiel B, et al. Toward an architecture for never-ending language learning. Proceedings of the 24th AAAI Conference on Artificial Intelligence, Atlanta, 2010: 1306-1313.